Roman Braun

NLP – eine Einführung

■ Kommunikation
als Führungsinstrument

New**Business**Line

REDLINE WIRTSCHAFT

Roman Braun
NLP – eine Einführung
Kommunikation als Führungsinstrument
2., aktualisierte Auflage
Frankfurt: Redline Wirtschaft, 2004
ISBN 3-636-01176-6

Unsere Web-Adresse:
http://www.redline-wirtschaft.de

Umschlag: INIT, Büro für Gestaltung, Bielefeld
Illustrationen: Josef Koo
Copyright © 2004 by Redline Wirtschaft, Redline GmbH, Frankfurt/M.
Ein Unternehmen der Süddeutscher Verlag Hüthig Fachinformationen
Satz: satzstudio@zeiner.net
Druck: Himmer, Augsburg
Printed in Germany

Inhalt

Jede Kommunikation beginnt bei der ersten Position, bei uns selbst. Erst wenn wir uns – noch ehe wir den Mund aufmachen – klar darüber sind, was unser Anteil an Kommunikation in einem Gespräch ist, lässt sich unsere Kommunikation und somit auch unsere Arbeit verbessern. Dann können wir uns der zweiten Position, dem anderen, zuwenden.

Dabei befinden wir uns ständig in Führungssituationen, egal welche Position wir bekleiden: Zwei Menschen treffen aufeinander, kommunizieren miteinander, und wenn diese Kommunikationssituation erfolgreich ist, gehen sie auseinander und können ihre Aufgaben besser bewältigen.

Andy Grove, Ex-CEO von Intel, erwartet von seinen Managern, dass sie 40 Prozent ihrer Führungskapazitäten auf sich selbst anwenden, 30 Prozent auf ihre Vorgesetzten, 20 Prozent auf ihre Kollegen und 10 Prozent auf ihre Mitarbeiter. Führung heißt also in erster Linie Selbstführung.

Jede Führungskraft hat drei Aufgabenbereiche, denen alle Tätigkeiten zuzuordnen sind:

- Visionen entwickeln, Ziele setzen und diese auch kommunizieren.

- Dafür Sorge tragen, dass die bestmöglichen Mitarbeiter an Bord sind und in einem definierten Rahmen ihre Fähigkeiten frei entfalten und entwickeln.

- Vorbild sein!

Der wichtigste Teil ist jener, Vorbild zu sein.

Wir werden dem in diesem Buch Rechnung tragen und uns zu einem guten Teil mit uns selbst beschäftigen, mit unserer Kommunikation nach innen. Damit erhält unsere Kommunikation nach außen jene sichere Basis, von der aus exzellentes Führen möglich ist.

Dieses Buch ist das Ergebnis unserer langjährigen Erfahrungen in Seminaren und Einzelcoachings am Austrian Institute for NLP und TRINERGY® International. Es ist ein Einstieg in einen Bereich des TRINERGY® – in das Neuro-Linguistische Programmieren. Daher finden Sie in diesem Buch sowohl NLP-Grundkenntnisse als auch vertiefendes Know-how, sowohl Experimente als auch konkrete Praxisübungen, sowohl Zitate als auch erklärende Geschichten.

Experimente:
Die Experimente verstehen sich als Art Laborübung, als ein sicherer Hafen zwischen Ihnen, Ihrem Unbewussten und uns. Wir werden Sie anleiten, dabei etwas mit sich selbst zu machen. Und wir hoffen, dass Sie die Lust am Experimentieren noch in sich tragen, jene Lust, die uns Menschen viele Selbstverständlichkeiten gebracht hat, die wir heute oft gedankenlos nutzen; jene kindliche Experimentierfreude, bei der Lernen spielerisch stattfinden kann.

➔ **Praxistipps: Am Ende jedes Kapitels finden Sie jeweils einen Praxistipp. Dieser Tipp soll Sie dabei unterstützen, schon während des Lesens Ideen dafür zu sammeln, wo und wie Sie das Neuerlernte gleich anwenden können. Diese Praxistipps verstehen sich als Tipps im Bereich des Selbstcoaching und Selbstteaching. Es ist dies jener Teil, der Ihnen zeigt, wie Sie in der Praxis ein kurzes Time-Out nehmen, einen Schritt zurücktreten, um aus der Distanz selbst zu lernen, neue Dinge zu planen – um dann in die Praxis zurückzukehren und etwas anders zu machen als vorher. Oder um etwas zu machen, was Sie vorher noch nicht gemacht haben.**

Wenn Sie dem Weg in diesem Buch folgen, werden Sie eine Entdeckungsreise machen. Sie werden erfahren, entdecken, lernen; und Sie werden beginnen, sich zu verändern. Sie werden erleben, dass es noch immer Spaß macht, ein »lernender Organismus« zu sein. »Ein alter Hund lernt keine neuen Kunststücke mehr.« – Ich glaube, das Gegenteil ist wahr: »Wer keine neuen Kunststücke mehr lernt, ist ein alter Hund.« Egal wie alt er/sie ist.

Wollen wir lernende Organisationen schaffen, müssen wir dafür sorgen, dass die Menschen lernen. Wollen wir lernende Menschen, müssen wir selbst weiterlernen. Wollen wir weiterlernen, müssen wir Abschied nehmen von Altem und uns auf den Weg machen, der Mensch zu werden, der wir sein können.

Viel Spaß dabei!

Über den Autor

Roman Braun ist Bestseller-Autor, erster zertifizierter NLP-Mastertrainer in Österreich, NLP-Lehrtrainer des »ÖDV« (Österreichischer Dachverband für NLP), »DVNLP« (Deutscher Dachverband für NLP) und »HA-NLP« (Schweizer Dachverband für NLP) sowie zertifizierter TRINERGY®-Lehrtrainer der »ITA« (International TRINERGY® Association). Sieben Jahre lang hat Roman Braun Europas größtes NLP-Institut geleitet – das »Austrian Institute for NLP«. Seit 2002 ist er Präsident von TRINERGY® International.

TRINERGY® ist das neue NLP: Es enthält das Beste aus NLP und 100 anderen Schulen der Kommunikation und Persönlichkeitsentwicklung.

Roman Braun ist Mitglied beim »ICF« (International Coach Federation) und im »American Board of Hypnotherapy«. Sein Background: Studium der Psychologie, Philosophie und Pädagogik sowie Lebens- und Berufserfahrung als Berater, Trainer und Coach im wirtschaftlichen, pädagogischen und therapeutischen Bereich. Umfassende Aus- und Weiterbildung bei Paul Watzlawick, Bert Hellinger, Richard Bandler, John Grinder, Robert Dilts, Robert Mc Donald, Joseph O´Connor, Ian Mc Dermott, Wyatt Woodsmall u. a. Roman Braun ist Mentalcoach von Weltmeistern, Spitzenpolitikern und Weltcupsiegern.

Danksagung

Ich stehe in der Schuld meiner Lehrer. Allen voran meine drei Eltern, die die Grundlage für mein Weltbild gelegt haben. Gefolgt von Paul Watzlawick, der mein Menschenbild bereichert hat. Richard Bandler und John Grinder, denen wir die wertvollen grundlegenden Modelle des NLP verdanken. Bert Hellinger, der mir mit seinem systemischen Ansatz einen Impuls in eine neue Richtung gegeben hat. Steve de Shazer für seine trinergetische Form des Arbeitens, die ihresgleichen sucht. Viktoria Wunder für ihre Initiative und Freude, mit der sie mit mir »TRINERGY® International« gegründet und seither mit großem Einsatz geleitet hat.

Den Co-Trainern und Assistenten, die mit ihrem engagierten Mitwirken wesentlichen Anteil am Erfolg des Instituts haben, im Besonderen: Hans Meyer, Franz Podek, Rolf Schindler, Bettina Gregor, Otto Knapp, Monika Haberfellner und Vera Sasse. Den Seminarteilnehmern und Einzelklienten, die dafür sorgen, dass mein Lernen weitergeht. Meinen Freunden und Kollegen für den dauernden inspirierenden Gedankenaustausch. Manuela und Hannes Elia Mätzener für ihre Mitarbeit an diesem Buch und ihre strahlende Energie. Monika Haberfellner auch für das Erstellen der Grafiken und dafür, dass sie mich gefunden hat.

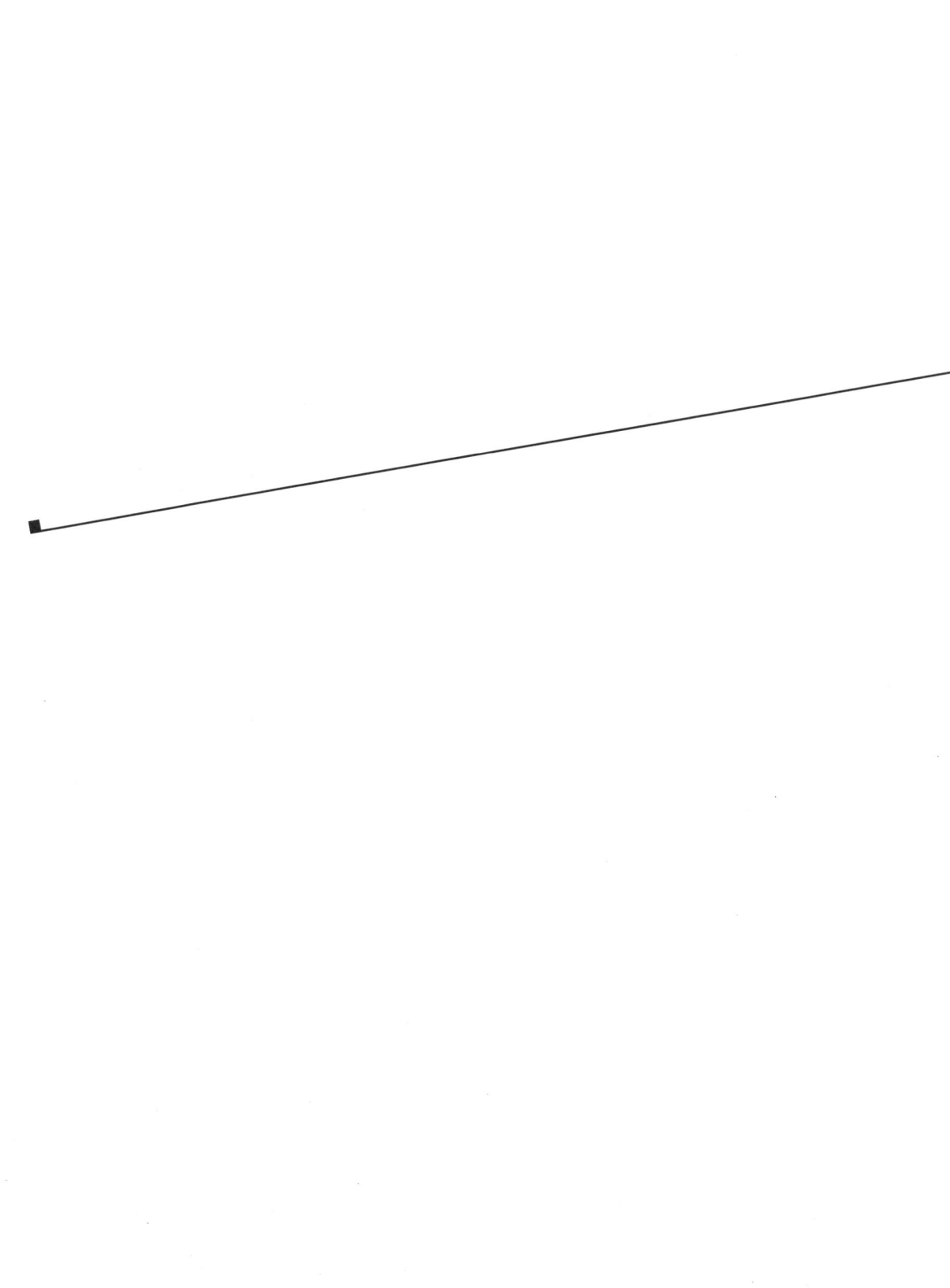

Teil 1
Sieben Grundannahmen –
Erfolgreiche haben etwas gemeinsam

In den späten Siebzigern schlossen sich Richard Bandler, der an der amerikanischen Westküste lebt und sich für Physik, Mathematik, Psychotherapie und Computer interessiert, und John Grinder, Linguistik-Professor an der Universität von Santa Cruz in Kalifornien, zusammen. Bald fanden die beiden liberalen und weltoffenen Männer Kontakt mit weiteren begabten Menschen, so z. B. mit dem Anthropologen Gregory Bateson, mit Virgina Satir und mit Milton Erickson. Sie begannen mit diesen Menschen zu arbeiten und entwickelten dabei ein Modell, das sie Neuro-Linguistisches Programmieren, kurz NLP nannten.

Eins führte zum anderen, und das Modell begann zu wachsen. Wieder andere Menschen kamen dazu, und deren Einfluss entwickelte das Modell weiter. Menschen wie David Gordon, Menschen wie Robert Dilts, Menschen wie Richard Bandlers frühere Frau Leslie Cameron, sie alle hinterließen Eindrücke und Spuren und halfen, das Modell zu dem zu machen, was es heute ist.

In den letzten Jahren haben sich immer mehr Menschen etwas aus dem NLP herausgenommen, um es für ihre Karriere zu nutzen. Für jeden ist dabei etwas anderes von Bedeutung, doch jeder findet das für ihn Richtige.

NLP ist ein Modell, das für viele Arbeitsbereiche gute Ansätze birgt. Deshalb wird es heute in den unterschiedlichsten Disziplinen genutzt: in der Wirtschaft, im Sport, im Gesundheitswesen, im Bildungssektor, aber auch im Coaching von Führungskräften, um Fähigkeiten zu verbessern und Ziele schneller zu erreichen. Mit NLP verbessern Sie Ihre Fähigkeiten und Fertigkeiten auf verschiedenen Gebieten.

NLP wird von der Idee getragen, dass unser Verhalten, das wir tagtäglich in unserem Berufsalltag wie in unserem privaten Umfeld zeigen, Muster aufweist, die man wahrnehmen, lernen und lehren kann. Für Sie als Führungskraft, die Sie in Ihrer Arbeit das Gebiet der menschlichen Kommunikation und der menschlichen Veränderung berühren, ergeben sich daraus ganz neue Möglichkeiten und Perspektiven, mit Ihren Gesprächspartnern, mit Ihren Kollegen, mit Ihren Mitarbeitern und mit Ihren Kunden zu kommunizieren.

NLP geht davon aus, dass wir uns die Welt erschaffen, während wir sie wahrnehmen. Betrachten wir also, wie jene Menschen, die etwas exzellent machen, ihre Welt erschaffen. Lassen Sie uns doch eine Welt gestalten, die Sinn gibt und in der wir uns wohl fühlen!

Während Sie die letzten Zeilen noch in sich nachwirken lassen, überlegen Sie sich vielleicht bereits, was das für Sie bedeuten könnte und was Sie denn alles haben wollen in Ihrem Leben. Und Sie beginnen sich Bilder davon zu machen, in welcher Art und Weise Erfolg Ihr Leben bereichern könnte. Und während Sie sich vorstellen, was alles möglich werden wird für Sie, wissen Sie bereits, dass ein Lernen begonnen hat, viele Jahre, bevor Sie dieses Buch entdeckt haben, das sich jetzt fortsetzen wird und das dazu beitragen kann, dass all das, was Sie sich wünschen, etwas leichter geht und neue Wünsche entstehen werden.

Sie kennen aus Ihrem Leben sicher Beispiele dafür, wie sich Erfolg auf einem bestimmten Gebiet auf andere Bereiche Ihres Lebens überträgt. Das kann Ihr Inneres, aber auch den zwischenmenschlichen Bereich, die Interaktion mit anderen betreffen.

Ähnliches gilt auch in Bezug auf Lösungsansätze. Albert Einstein meinte: »Wir können ein bestimmtes Problem nicht auf jener Ebene lösen, auf der es erschaffen wurde.« Wann immer wir ein Problem haben, empfiehlt es sich, einen Blick dafür zu entwickeln, dass die Form, die Struktur, der Prozess entscheidender sind als der Inhalt. Damit bringen wir das Problem auf eine höhere Ebene. Eine höhere Ebene in Bezug darauf, dass wir auf die Ebene, die wir zurücklassen, zurückschauen und sie so verstehen und begreifen können. Somit machen wir einen Schritt in eine Richtung, die generative Lösungen für uns möglich macht. Mit generativen Lösungen meinen wir jene Veränderungen, die uns in unserem ganzen Leben auf eine höhere Ebene bringen.

Es ist nun so, dass wir, während wir uns mit einer bestimmten Sache beschäftigen, andere Dinge gleich mitlernen. Sie können sich nun überlegen, wie Sie dieses generative Lernen, dieses Lernen auf mehreren Ebenen, für sich Gewinn bringend einsetzen möchten.

Manche Dinge, die auf einer bestimmten Ebene keinen Sinn machen, lassen uns auf einer anderen Ebene entdecken, wie wir funktionieren, woraus unsere Begrenzungen bestehen. Und so macht der Gedanke, dass exzellentes Verhalten »ansteckend« ist, jetzt schon Sinn für Sie.

So wie Lachen ansteckend ist, sind auch exzellente Verhaltensweisen ansteckend. Das, was wir gut machen, motiviert uns, es noch besser zu machen. Darüber hinaus motiviert es uns dazu, auch andere Dinge in unserem Leben besser zu machen. Exzellentes Verhalten ist also sowohl intrapersonell als auch interpersonell ansteckend.

→ **1. Praxistipp: Machen Sie einen Anfang. Beginnen Sie, in einem Teilbereich Ihres Lebens Mittelmaß nicht länger zu akzeptieren. Entschließen Sie sich noch heute, etwas, das Sie bereits gut machen, weiter zu verbessern, und tun Sie alles, um darin noch exzellenter zu werden.**

Wenn Sie das beherzigen, werden Sie bemerken, wie sich Ihre Exzellenz, das Anheben Ihres eigenen Standards, auf alle Lebensbereiche und auch auf Ihr Umfeld auswirkt.

Nicht immer erhalten Sie im Bereich der Kommunikation die erwünschten Ergebnisse; die Rückmeldungen sind nicht immer jene, die Sie gerne hätten. Damit können Sie auf zwei Arten umgehen:

Sie könnten sich zum Beispiel sagen: »In diesem Gespräch, in dieser Verhandlungssituation, in dieser Präsentation habe ich versagt. Ich war sehr ungeschickt. Ich habe meinem Gesprächspartner zu wenig ins Gesicht geblickt. Ich habe nicht genau zugehört. Ich habe die falschen Worte gewählt. Ich habe mich schlecht ausgedrückt. Ich habe nur Fehler gemacht. Er hat einfach nicht verstanden, was ich ihm sagen wollte. Ich bin gescheitert.«

Oder aber Sie sagen sich: »Ah, ich habe gerade von meinem Gegenüber die Rückmeldung erhalten, dass es nicht verstanden hat, was ich ihm sagen wollte. Das bedeutet für mich, dass ich nochmals an den Anfang zurückgehen muss. Wenn ich weitere Informationen eingeholt habe, kann ich meine Inhalte auf eine andere Art und Weise erneut kommunizieren.«

Was bedeutet das nun? Wenn wir über Ergebnisse in Form von Fehlern nachdenken, kommen wir sehr schnell in einen ressourcelosen Zustand, wir sind niedergeschlagen und kraftlos. Viel effektiver ist es, die Ergebnisse, die wir erhalten, als *Feedback* zu verstehen. Diese Betrachtungsweise hält uns beweglich, wir bleiben flexibel, wir können kreative Lösungen entwickeln – und wir befinden uns damit auf der Ursachenseite.

Thomas A. Edison wurde einmal mitten in der Arbeit von einem jungen Mitarbeiter gefragt: »Sagen Sie einmal, Herr Edison, Sie haben jetzt schon hundertfünfzig verschiedene Materialien für den Glühfaden ausprobiert, und nichts davon funktioniert. Haben Sie es nicht schon satt? Sind Sie nicht schon deprimiert über all die Fehlschläge, die Sie bisher hatten?«

Edison sah den Mann mit verwunderten Augen an: »Ich verstehe nicht, was Sie meinen. Ich habe doch bis jetzt hundertfünfzig Materialien entdeckt, von denen ich nun sicher weiß, daß sie ungeeignet sind für die Verwendung in der Glühbirne, und das ist großartig!«

Wenn wir Ergebnisse statt als Fehler als Feedback verstehen, wird sich das auf die Qualität unserer Kommunikation auswirken. Denn die Art und Weise, wie wir denken, bestimmt unser Verhalten. Und wenn wir über Kommunikation auf eine bestimmte Art und Weise nachdenken, wird sich das darauf auswirken, wie wir uns verhalten.

Wir sind also selbst verantwortlich dafür, wie wir die Ergebnisse betrachten, die wir erhalten. Wenn wir nur in einer bestimmten Weise über etwas nachdenken, dann schränken wir uns damit selbst ein. Wir beschränken damit auch das, was als Ergebnis unserer Kommunikation möglich ist, wir lassen nicht das gesamte Spektrum an Möglichkeiten zu. Das heißt, wir schränken uns selbst dabei ein, erfolgreich zu sein.

→ **2. Praxistipp: Wenn Sie das nächste Mal mit einer Leistung, mit einem Ergebnis nicht zufrieden sind, dann nehmen Sie Ihre Unzufriedenheit als eigenes Feedback zu Ihrer Leistung an. Überlegen Sie sich dann zumindest drei Möglichkeiten, was Sie anders machen könnten.**

Und während Sie das tun, nehmen Sie sich ausreichend Zeit, um zu betrachten, wie sich in Ihrer Vorstellung die Ergebnisse zu verändern beginnen.

Jeder Mensch tut immer das, was er gerade für das Beste hält. Wann immer jemand etwas tut, geht er an die Grenzen seiner Möglichkeiten. Er gibt in diesem Moment alles, was er geben kann. Trotzdem macht einiges davon keinen Sinn. Es ist sogar oft einfach Unsinn. Wenn wir selber in der Lage sind, Unsinn zu machen und gleichzeitig zu erkennen, das es Unsinn ist, dann haben wir die Gelegenheit, darüber hinauszugehen. Hinaus in einen anderen Kontext.

Wir alle sind Wunder. Und wir alle wurden im Laufe unseres Lebens verletzt. Wir tun das Beste, was wir tun können. Solange wir Kinder sind und heranwachsen, begegnen wir Menschen, von denen wir annehmen, dass Menschen so zu sein haben, dass diese Menschen perfekt sind. Doch ist eines der folgenschwersten Dinge, die wir im Heranwachsen lernen können, unseren Eltern zu verzeihen und ihnen zu vergeben, dass sie nicht perfekt sind. Vielleicht sind wir erst dann ganz erwachsen, wenn wir gelernt haben, anzuerkennen, dass sie die ganze Zeit über an ihren Grenzen waren und ihr Bestes gegeben haben. Vielleicht sind wir erst dann wahre Wunder, wenn wir erkennen, dass auch unsere Eltern verletzte Wesen sind. Wenn wir beginnen, ihnen zu vergeben, dann haben wir die Gelegenheit, bewusst etwas für unser eigenes Leben zu tun.

Auch hier gilt: Jedes Verhalten ist in einem bestimmten Kontext gut und angebracht und in einem anderen nicht. Keine Verhaltensweise passt in jedes Umfeld. Doch woher wissen wir, was passt und was nicht? Was angebracht ist und was nicht? Was angemessen ist und was nicht?

Es darf nicht aus den Augen verloren werden, dass das Denken das Verhalten bestimmt. Manchmal ist es gut, Verhalten und Absicht zu trennen. Denn jedes Verhalten hat eine positive Absicht. Menschen treffen jeweils die beste ihnen zur Verfügung stehende Wahl. Denn jeder Mensch ist einzigartig, und jeder Mensch hat sein eigenes Modell der Welt.

→ **3. Praxistipp: Wenn Sie das nächste Mal jemanden sehen, der in Ihren Augen etwas Dummes macht, schauen Sie nochmals hin, und erkennen Sie, dass er gerade das Beste getan hat, was er in dieser Situation tun konnte. Erleben Sie, wie dieses Verständnis zu einer Veränderung Ihrer Einstellung führt.**

Das heißt nicht, dass Sie in Zukunft allem zustimmen müssen. Doch wenn Sie sich den Gedanken »Auch vom Dümmsten kannst du etwas lernen« von Heinz von Foerster zu Herzen nehmen, werden Sie erleben können, wie sich Ihre Einstellung diesem »Dümmsten« gegenüber verändert.

Die Einzigartigkeit zeichnet uns Menschen aus. Diese Einzigartigkeit treibt uns voran, sie ist unser Motor, unsere Motivation, unsere Lebensenergie.

Viktor Frankl, der österreichische Neurologe und Begründer der Logotherapie, hat seine Lebensaufgabe in einem Kontext gefunden, der die meisten von uns eher in Schrecken als in Zuversicht versetzen würde, nämlich im Konzentrationslager. Während um ihn herum sinnloses Töten stattgefunden hat, während um ihn herum Menschen unerträgliche Qualen ausgestanden haben, hat er sich folgende Frage gestellt: »Wenn das hier für irgendetwas gut sein soll, was könnte das sein? Mein Hiersein, wozu könnte das gut sein? Wofür ist all das eine Gelegenheit?« Die Antwort: »Mein Hiersein hat zum Beispiel den Sinn, dass ich später darüber berichten und einen Beitrag dazu leisten kann, dass so etwas nicht wieder passiert.«

Die Qualität der Fragen bestimmt die Qualität der Antworten, die wir bekommen. Und Viktor Frankl konnte diese Antwort nur deshalb bekommen, weil er sich eine Frage von höchster Qualität gestellt hat.

Die Dinge an sich sind so, wie sie sind, sie sind weder gut noch schlecht. Die Art und Weise, wie wir die Dinge deuten, mit Bedeutung versehen, schafft die Welt und schafft das Modell der Welt, in der wir uns bewegen. Wenn wir nun beginnen, den Dingen mehrere Bedeutungen zu geben, sind wir dabei, unser Modell der Welt zu erweitern. Und genau darum geht es im NLP. Vielfalt statt Einfalt. Es ist besser, mehrere Möglichkeiten zu kreieren, mehrere Ansätze zu denken, mehrere Verhaltensweisen zu haben. Wenn wir beginnen, dort Vielfalt hineinzubringen, wo Einfalt herrscht, brechen wir unsere eigenen Grenzen auf und beginnen in allem eine Gelegenheit zu sehen.

In unserer Welt geschieht viel Unverständliches, viel Dummes, ja viel Böses. Wir Menschen sehen oft zu wenige Möglichkeiten. Wenn wir nur einen Weg sehen und dieser ist krumm, dann werden wir ihn gehen, wenn wir etwas Bestimmtes erreichen wollen. Wenn wir aber in der Lage sind, einen zweiten, dritten oder vierten Weg zu sehen, wenn wir unsere Möglichkeiten vermehren können, dann werden wir auch in der Lage sein, einen anderen Weg zu wählen. Einen Weg, bei dem wir andere Menschen oder uns selbst nicht verletzen müssen.

Es hängt ganz allein von uns ab, wofür die Dinge, die uns widerfahren, eine Gelegenheit sind. Und es liegt an uns, ob wir jede dieser Gelegenheiten auch nutzen wollen.

> **→ 4. Praxistipp: Wenn Ihnen eine Situation verfahren erscheint, stehen Sie auf, machen Sie ein paar tiefe Atemzüge, und stellen Sie sich die WIDEG-Frage: »Wofür ist das eine Gelegenheit?« Machen Sie das mit Nachdruck – so lange, bis Sie ein bis drei geeignete Antworten bekommen.**

Sie werden feststellen können, dass sich Ihnen eine Menge neuer Möglichkeiten und Perspektiven auftut.

Menschen, die sich mit Biofeedback beschäftigen, z. B. Physiologen oder Neurologen, können auf Knopfdruck auf einer physiologischen Ebene eine Momentaufnahme eines Menschen machen, bei der Körperreaktionen, die normalerweise nicht sichtbar sind, sichtbar gemacht werden: Blutdruck, Puls, Hautwiderstand, Blutzuckerspiegel, verschiedene Neurotransmitter usw.

Ein Lehrer von mir hat einmal so ein Profil in seinen Händen gehalten und gesagt: »Wenn man das sieht, könnte man meinen, wir seien nichts anderes als ein Cocktail.« Und er sagte weiters – und das scheint noch viel wesentlicher zu sein: »Ich hoffe nur, Sie vergessen nicht, dass Sie auch der Barmixer sind!«

Genau darum geht es: Be cause. Sei Ursache. Sei selbst aktiv. Entdecken Sie, dass Sie die Ursache sind für Ihr Denken. Entdecken Sie, dass Sie derjenige sind, der sich innere Bilder herholt oder sie wegschiebt. Es sind Ihre Bilder. Es sind Ihre Töne und Geräusche. Es sind Ihre Gefühle. Es ist Ihr Gehirn. Das zu erkennen, ist ein großer Lernschritt!

Und wenn Sie das erkannt haben, werden Sie den Bildern und den Gedanken, die Ihnen zufliegen, auch nicht mehr hilflos ausgeliefert sein. Sie können lernen, Ihre Möglichkeiten zu denken und sich selbst zu entwerfen. Sie werden selbst die Verantwortung dafür übernehmen, glücklich und erfolgreich zu sein.

Aldous Huxley schreibt an einer Stelle: »Erfahrung ist nicht das, was dem Menschen passiert, sondern was der Mensch aus dem macht, was ihm passiert.«

Wann immer wir uns schlecht fühlen, liegt es in unserer Verantwortung, dafür zu sorgen, dass es uns wieder besser geht. Was wir intern daraus machen, macht unsere Einzigartigkeit aus.

Dieses Buch hilft Ihnen dabei, zu lernen, Ihre inneren Bilder aus Ihrem Erinnerungsschatz hervorzuholen, um sie dort einzusetzen, wo Sie wollen, und damit mehr auf der Ursachen- als auf der Wirkungsseite zu stehen.

➔ **5. Praxistipp: Worauf warten Sie noch? Nehmen Sie es selbst in die Hand, gleich den heutigen Tag zu dem zu machen, was Sie sich am Morgen dafür vorgenommen haben. Beginnen Sie sofort damit, sich als Ursache für die Vorgänge in Ihrem Leben zu empfinden.**

Sie erweitern Ihren Horizont ungemein, wenn Sie beginnen, das für Ihr Leben zu beherzigen.

Erinnern Sie sich an Ihre erste Fahrstunde? Wahrscheinlich sind Sie im Auto gesessen, leicht nervös und angespannt, und der Fahrlehrer hat zu Ihnen gesagt: »Die Kupplung langsam kommen lassen ... sachte Gas geben.« Trotz Ihrer Ernsthaftigkeit, trotz Ihrer Angespanntheit, trotz all Ihrer Bemühungen ist das Auto vor sich hin gehüpft, ist der Motor an der Kreuzung abgestorben.

Und jetzt fahren Sie Auto und denken gar nicht mehr darüber nach, wie Sie das eigentlich machen. Sie schauen auf die Straße, achten auf den Verkehr, suchen gleichzeitig einen Parkplatz, hören Musik, telefonieren dabei ...

Wie machen Sie das? Wie haben Sie gelernt, diese Leistung zu erbringen? Ich sage es Ihnen. Der Weg dorthin führt über die Übung. Alles, was wir lernen wollen, müssen wir eine Zeitlang üben. Erst dann wird das Gelernte in eine unbewusste Kompetenz absinken. Und erst dann lernen wir kunstvoll mit dem Gelernten umzugehen. Und dann können wir darangehen, unsere Leistung kontinuierlich zu steigern.

All unsere Fähigkeiten und Fertigkeiten sind auf diese Art und Weise entstanden, sodass wir nun unbewusst hervorragende Leistungen erbringen können.

In unserer Gesellschaft ist Lernen leider oft mit Unbehagen verbunden. Erfolgreiches Lernen braucht jedoch einen spielerischen Umgang. Lernen ist viel zu interessant, um es ernst zu nehmen. In unseren ersten sechs Lebensjahren haben wir so viel Spaß gehabt, aber wir haben qualitativ betrachtet so viel gelernt wie den ganzen Rest unseres Lebens nicht mehr.

Unser Gehirn lernt unglaublich schnell, wenn wir guter Stimmung sind, wenn wir lachen, wenn wir spielerisch lernen und bereit sind, neue Dinge auszuprobieren. Erinnern Sie sich: Wir lernten in der Zeit am meisten und am leichtesten, in der wir am meisten lachten! Zum Beispiel unsere erste Sprache, die ja auch eine »Fremdsprache« war, denn schließlich kannten wir das Konzept einer verbalen Sprache noch gar nicht. Und doch erlernten wir sie innerhalb von drei Jahren.

Später hat man dann versucht, uns weitere Fremdsprachen beizubringen, ohne dabei zu lachen. Lachen war verboten. Bewegung auch. Es hieß ruhig sitzen und ernst schauen. Das Schlimme dabei ist, dass wir wissen, wie schlecht das geklappt hat. Und noch schlimmer ist, dass wir auf einer zweiten, auf einer generativen Ebenen, gelernt haben, dass es gut ist, ernst zu lernen. Und so versuchen wir dann den Rest unseres Lebens, ernst zu sein und so zu lernen. Doch das funktioniert einfach nicht. Denn das, was wir glauben, begrenzt unsere Möglichkeiten.

Wann immer wir beginnen, darüber nachzudenken, was uns begrenzt, wann immer wir beginnen, auch das Gegenteil für möglich zu halten, dann passiert Neues! Wann immer wir beginnen, spielerisch Neues auszuprobieren, ist tatsächliche Höchstleistung möglich. Und genau darum geht es im Leben: tagtäglich zu lernen, sich zu verbessern und sich spielerisch weiterzuentwickeln. Also denken Sie daran: Das Leben ist ein Spiel. Spielen Sie es!

→ 6. Praxistipp: Wenn Sie der nächsten Herausforderung gegenüberstehen, gehen Sie diese einmal absichtlich anders als bisher an. Starten Sie innerlich ein Experiment, und betrachten Sie die Herausforderung als Spiel.

Und schon während Sie auf diese neue, spielerische Art Erfahrungen sammeln, seien Sie stolz auf all Ihre Leistungen und Erfolge.

Um exzellente Leistungen erbringen zu können, ist neben dem spielerischen Zugang eine weitere Zutat von enormer Bedeutung, nämlich begeistertes Tun. Wagen Sie es – hängen Sie Ihr Herz an die Dinge, die Ihnen wichtig sind!

Wenn Sie in Zukunft mit Ihrem Gehirn etwas kreativer umgehen möchten, dann ist es zu wenig, dieses Buch zu lesen und über seinen Inhalt nachzudenken. Wirkliches Tun ist angesagt.

Es ist zu wenig, etwas *nur* gut zu machen. So bekommen Sie nicht das, was Sie verdienen. So bekommen Sie immer etwas Geringeres. Um aber ein sehr gutes Feedback, eine sehr gute Rückmeldung, ein ausgezeichnetes Ergebnis zu bekommen, müssen Sie schon wirklich begeistert sein. Es ist diese Begeisterung, die Sie bis hierher gebracht hat. Es ist genau diese Begeisterung, die Sie zu dem Wunder gemacht hat, das Sie sind. Es ist dieselbe Begeisterung, die Sie weitertreiben wird. Es ist dieselbe Begeisterung, mit der Sie auf andere wirken und mit der Sie auf andere Einfluss haben. Und es ist dieselbe Begeisterung, die Sie in Bereiche führen wird, die Sie jetzt noch gar nicht kennen.

Wer erfolgreich sein will, begeistert seine Gesprächspartner, seine Kollegen, seine Mitarbeiter und seine Kunden. Stimmungen und Einstellungen beeinflussen uns. Unsere inneren Haltungen entscheiden über unser Verhalten und damit über unseren Erfolg. Bedenken Sie: Begeisterung ist ansteckend!

Der Begriff für die leidenschaftliche Begeisterung, »Enthusiasmus«, kommt vom griechischen »en theos«, »bei Gott sein«. Wenn wir enthusiastisch sind, haben wir alle Kraft der Welt in uns!

➔ 7. Praxistipp: Wenn Sie das nächste Mal jemandem (auch sich selbst!) ein Lob aussprechen, tun Sie es mit Nachdruck und Begeisterung. Und achten Sie auf die Reaktion, die Ihr Gesprächspartner dabei zeigt.

Wenn Sie es schaffen, dass Ihre Arbeit, ja Ihr Leben ein Spiel ist, das Sie begeistert und Ihnen sehr viel Spaß macht, werden Sie erleben, dass sich auch Ihre Begegnungen mit den Menschen verändern.

Teil 2
Handlungsmodell –
die Kybernetik des Erfolges

Abbildung 1: Handlungsmodell 1

Das Handlungsmodell im NLP ist ein kybernetischer Kreislauf. Ein Grundprinzip der Kybernetik, jener Forschungsrichtung, die vergleichende Betrachtungen über Gesetzmäßigkeiten in Steuerungs- und Regelungsvorgängen von Systemen anstellt, ist es, dass innerhalb eines Systems zwischen den einzelnen Elementen Rückkoppelungen stattfinden, die zu interessanten Veränderungsprozessen führen. Wir beobachten das in großen wie in kleinen Handlungen. Auch alle unsere Mikrohandlungen werden davon geleitet.

Wie ist das zum Beispiel beim Golfspielen?

Sie visieren ein Ziel an. Und dann schlagen Sie ab. Sie treffen nicht, gehen näher an das Loch heran, schlagen nochmals ab, nehmen das erste Feedback und probieren den Abschlag diesmal auf eine etwas andere Art und Weise wieder. Sie durchlaufen diesen Kreislauf so lange, bis Sie das Loch mit immer weniger Schlägen treffen können.

Auch im Bereich des Produktmarketing wird das nicht viel anders gemacht. Wenn Sie das Ziel haben, ein Produkt zu promoten, stellen Sie zunächst einen Prototypen Ihres Produktes her. Dann bestimmen Sie Ihre Zielgruppe und setzen eine erste Werbeaktion an. Ehe Sie Ihr Produkt dann in größeren Mengen herstellen, berücksichtigen Sie die ersten Rückmeldungen, um Ihr Produkt noch kundengerechter zu gestalten.

Im Direktmarketing gibt es die Grundregel, nicht alle Mailings auf einmal auszusenden. Es empfiehlt sich, zuerst einen kleinen Teil wegzuschicken, das Feedback abzuwarten, die Anregungen in die Aussendung einfließen zu lassen und erst dann die restlichen Mailings abzuschicken.

Fragebogen-Erhebungen von Unternehmen, Restaurants und Veranstaltungszentren basieren auf demselben Prinzip. Sie alle fordern das Feedback ihrer Kunden, ihrer Gäste und ihres Publikums ein, um ihre Produktpalette, ihr Sortiment und ihr Angebot den Wünschen ihrer Zielgruppe noch besser anpassen zu können.

Diese Vorgehensweise ist eine sehr gute Einstellung, wenn Sie kontinuierlich gute Qualität bieten wollen.

Gute Leistungen basieren auf guten Entscheidungen. Gute Entscheidungen basieren auf den Erfahrungen, die wir machen. Erfahrungen basieren jedoch leider oft auf schlechten Entscheidungen in der Vergangenheit.

Doch wenn wir spielerisch damit umgehen und genügend gute Laune bewahrt haben, können wir unsere Erfahrungen als Basis für gute Leistungen in der Zukunft verwenden und neue Wege gehen.

Am Anfang des Handlungsmodells steht die Entscheidung für ein besonders anziehendes oder verlockendes Ziel. Es ist notwendig, überhaupt zu wissen, was wir wollen.

Wenn wir keine klaren Ziele haben, können wir in der Zielerreichung nicht erfolgreich sein. Wenn wir nicht wissen, was wir wollen, können wir uns keinem Ziel annähern. Es fehlt uns ein attraktives Bild, das uns anzieht.

Während wir Ziele festlegen, müssen wir uns ent-scheiden. Das heißt, wir müssen scheiden, Abschied nehmen von all dem, was wir zwar auch machen könnten, was wir aber zu Gunsten eines bestimmtes Ziel aufgeben.

Eine weitere Frage, die dabei auftaucht: »Bin ich für klare Ziele, habe ich feste Werte, bin ich für fixe Mittel?« Das ist die Unterscheidung, die wir treffen müssen. Das ist ebenso eine Entscheidung, die wir fällen müssen. Und die Antwort ist für unseren Gesprächspartner, für unseren Kollegen, für unseren Mitarbeiter und für unseren Kunden insofern wichtig, als sie die Art und Weise, wie wir miteinander umgehen, massiv beeinflusst.

Am Anfang müssen wir uns über unser eigenes Ziel klar werden. Erst dann wird es uns möglich sein, dass wir uns dem Kunden, dem Mitarbeiter, dem Kollegen zuwenden. Erst dann können wir uns weitere Fragen stellen:

- Welchen Eindruck soll mein Gesprächspartner von mir gewinnen?

- Welche Grundstimmung wünsche ich mir bei meinen Mitarbeitern, welchen Gesichtsausdruck, welchen Klang in der Stimme?

- Worum genau geht es mir in der Beziehungen zu meinen Kollegen?

Das geschäftliche Ziel ist von Bedeutung. Aber noch wichtiger sind die Ziele in unseren Gesprächen, Meetings und Kundenbegegnungen. Fixe Regeln sind notwendig. Aber weitaus maßgeblicher ist das Gefühl unseres Kunden, das er haben wird, wenn er ein bestimmtes Produkt erworben hat; unseres Mitarbeiters, wenn er sich gut geführt weiß; unseres Kollegen, wenn er sich von uns verstanden fühlt.

Klare Ziele sind die Grundvoraussetzung für den unternehmerischen Erfolg, für gewisse Arbeitsprozesse, für eine Kommunikationssituation und für jede zwischenmenschliche Begegnung. Erst zielgerichtetes Denken ermöglicht uns, zu wissen – aber auch zu erreichen –, was wir uns für unsere Zukunft wünschen.

→ **8. Praxistipp: Wenn Sie das nächste Mal in einer Entscheidungssituation bemerken, dass Sie die Entscheidung nur aufschieben, weil die anderen Möglichkeiten auch ganz nett wären, dann nehmen Sie ganz bewusst Abschied von diesen Alternativen. Bekennen Sie sich zu einem Weg – keine Kraft der Welt kann sich mit Entschlossenheit messen!**

Und während Sie sich noch darin üben, zu dem zu stehen, was Sie möchten, werden Sie allmählich bemerken, wie leicht Ihnen gewisse Dinge plötzlich von der Hand gehen.

Ziele allein sind noch nicht genug. Wir müssen Möglichkeiten finden, Aktivitäten zu entwickeln, sowohl im privaten als auch im beruflichen Umfeld. Wir müssen handeln, hier und jetzt.

Sie kennen sicher Menschen, die jeden Tag neue Ziele entwickeln, sich dabei aber nicht verändern und dadurch auch ihren Wünschen nicht näher kommen. Doch Sie haben wie diese die Wahl über Ihre eigene Zukunft. Sie haben die Wahl, zu fühlen, was Sie wollen. Sie haben die Wahl, zu erleben, was Sie erreichen möchten. Sie haben die Wahl zu agieren, wie Sie agieren wollen. Sie haben die Wahl, zu handeln, wie Sie möchten. Sie haben immer die Wahl, auf Ihre ganz spezielle Art und Weise zu leben. Sie haben viele, viele Möglichkeiten, aus denen Sie wählen können. Sie müssen es nur tun!

Wenn ein Unternehmen, die Marketing-Abteilung oder eine andere kreative Abteilung ein Ziel hat, dann ist das Ziel an sich noch zu wenig. Das Unternehmen muss auch über Know-how und über Ressourcen verfügen, um sofort die notwendigen Aktivitäten setzen zu können. Sonst werden einfach nur Träume und Visionen entwickelt, die jedoch nie umgesetzt werden.

Wir Menschen finden meist sehr rasch heraus, wo etwas nicht passt. Der Lernprozess besteht nun darin, zu erkennen, dass all unsere kleinen Schmerzen Hinweise darauf sind, dass die Dinge in eine andere Richtung gehen sollten. Dass es an der Zeit ist, etwas zu tun.

Das Handlungsmodell zeigt uns, dass wir lernen können, darauf zu reagieren, dass wir lernen können, etwas zu verändern.

→ **9. Praxistipp: Wann immer Sie sich für eine von mehreren Möglichkeiten entscheiden, zögern Sie die Umsetzung nicht lange hinaus. Gehen Sie die Sache so rasch wie möglich an. Setzen Sie sofort einen ersten Schritt. Auch wenn er Ihnen nur symbolisch erscheint: Tun Sie ihn sofort!**

Handeln Sie unmittelbar nach Ihrer Entscheidung, und Sie werden spüren, wie eine Last von Ihnen abfällt.

Ehe es Sylvester Stallone gelang, als Schauspieler zu reüssieren, wurde er mit dem Drehbuch für seinen ersten Rocky-Film 170 Mal als Hauptdarsteller abgelehnt. Doch er war nach den ersten Absagen nicht am Boden zerstört, sondern er nahm das Feedback zum Anlass, sein Drehbuch immer wieder zu verändern. Er ließ sich nicht von seiner Idee abbringen, sondern hat sein Tun immer wieder angepasst. Und genau das hat den Film zu einem Erfolg gemacht.

Feedback ist jene Korrekturmaßnahme, die Sie in Bezug auf Ihr Ziel weiterbringt. Deshalb ist Feedback als kritischer Erfolgsfaktor außergewöhnlich wichtig. Um Feedback empfangen zu können, brauchen wir eine hohe Wahrnehmungsgenauigkeit. Wir brauchen offene Sinne.

Um erfolgreich zu sein, brauchen Sie klare Ziele. Dann müssen Sie neue Fähigkeiten und Fertigkeiten entwickeln, um in der Lage zu sein, Ihr Tun zu reflektieren. Das heißt, Sie müssen in der Lage sein, Feedback zu nehmen. Und Sie müssen auch dafür sorgen, dass es Feedback-Schleifen gibt. Manchmal allerdings müssen solche erst einmal etabliert werden. Tun Sie nichts blindlings, sondern achten Sie darauf, dass das, was Sie tun, Sie Ihrem Ziel näherbringt.

> **→ 10. Praxistipp: Wenn Sie das nächste Mal etwas Neues beginnen, seien Sie geduldig und bereit, Feedback zu nehmen, um spielerisch und voll Begeisterung Rückmeldungen von außen in Ihre Wegkorrektur einzubauen. So werden Sie Ihr Ziel leicht und auf dem kürzesten Wege erreichen.**

Feedback gilt als *das* Frühstück der Champions! Stellen Sie sich also vor, wie diese bescheidene Lebensweisheit Ihr Leben noch reicher machen kann.

So manches Verhalten, das wir an den Tag legen, finden wir in der Tierwelt wieder. Sehr interessant ist zum Beispiel ein Phänomen, das ich das »Sandwespen-Phänomen« nenne:

Eine Sandwespe frisst ihre Beute prinzipiell nur in ihrem Bau. Sie geht mit ihrer Beute bis an den Eingang, dann sieht sie nach, ob im Bau »die Luft rein ist«. Erst dann zieht sie die Beute in den Bau hinein und verzehrt sie dort.

Nun haben Wissenschaftler nichts anderes zu tun, als zu warten, bis die Sandwespe ihre Beute abgelegt hat und in den Bau hineingekrochen ist. Dann rücken sie die Beute einige Zentimeter vom Eingang des Baues weg.

Kommt die Sandwespe nach ihrem Kontrollgang nun heraus, um die Beute zu holen, findet sie diese natürlich nicht mehr am ursprünglichen Platz vor. Was tut sie? Sie schleppt die Beute wieder zum Eingang, macht erst wieder ihren Kontrollgang ... Die Versuchsanordnung sieht vor, dass die Sandwespe ihre Beute nach jedem Kontrollgang wieder etwas weiter vom Eingang entfernt findet. Wie glauben Sie, endet das Experiment?

Die Sandwespe stirbt. Sie ist irgendwann so schwach, dass sie nicht mehr aus dem Bau herauskommt und verendet.

Eine natürlicher Reflex eines jeden Beobachters wäre, der Sandwespe ihre Beute nachzuschmeißen mit den Worten: »Hier nimm und friss endlich!« Das Insekt sieht einfach die Möglichkeit nicht, sein Verhalten zu ändern, und verhungert buchstäblich beim gedeckten Tisch. – Doch gibt es nicht auch Menschen, die so handeln, als hätten sie keine anderen Möglichkeiten? Dabei liegt es oft nur daran, dass diese Menschen ihre Lage nicht reflektieren. Oft werden sie deshalb in ihrem Alltag vom Sandwespen-Phänomen eingeholt.

Wenn wir manches, mit dem wir unzufrieden sind, unter diesem Gesichtspunkt sehen, werden wir entdecken, dass es Möglichkeiten gibt, über die wir noch nicht nachgedacht haben. Dieses Nachdenken passiert auch, wenn wir bereit sind, Feedback anzunehmen.

Aus der Welt der Mathematik und Informatik wissen wir, dass dasjenige Element, das in einem System die größte Flexibilität hat, die meisten relevanten Verhaltensmöglichkeiten hat und so zum bestimmenden und kontrollierenden Element in diesem System wird.

Wie lässt sich das auf den Bereich der Kommunikation anwenden? Derjenige, der die meiste Flexibilität zeigt und die meisten Möglichkeiten hat zu reagieren, der wird erfolgreich sein. Je mehr Verhaltensmöglichkeiten Ihnen zur Verfügung stehen, desto größer ist die Wahrscheinlichkeit, dass Sie auch Erfolg haben werden.

Eine Grundannahme des NLP besagt: Wenn Sie etwas tun, das nicht den gewünschten Erfolg bringt, dann versuchen Sie etwas anderes. Mehr von dem zu tun, das ohnehin nicht funktioniert, *kann* nicht zum Erfolg führen.

Je mehr Flexibilität wir zeigen, desto größer ist die Wahrscheinlichkeit, dass wir auch das bekommen, was wir möchten. Selbst wenn etwas funktioniert, sollten Sie sich zwei, drei weitere Möglichkeiten überlegen, was Sie hätten tun können, wenn es nicht funktioniert hätte. Das trainiert ihre Flexibilität! So erhalten Sie mehr Möglichkeiten für den Fall, dass Sie diese brauchen.

→ **11. Praxistipp: Beginnen Sie sofort, in kleinen Dingen Ihre Flexibilität zu üben: Wenn Sie die Finger verschränken, lassen Sie einmal den anderen Daumen oben sein; wenn Sie Ihre Arme verschränken, lassen Sie den anderen Unterarm oben sein; rühren Sie Ihren Kaffee einmal mit der anderen Hand um, steigen Sie mit dem anderen Bein zuerst in die Hose. Gewöhnen Sie sich an Veränderung.**

Wenn Sie beginnen, in den kleinen Dingen des Lebens immer wieder etwas zu verändern, dann machen Sie bereits einen großen Schritt in die richtige Richtung. Sie zeigen Ihre Bereitschaft, eingefahrene Bahnen zu verlassen. Wenn Sie ein und dieselbe Sache auf mindestens drei neue Arten versucht haben, werden Sie Ihr kreatives Potenzial verstärken und auch bei größeren Vorhaben neue Wege wagen können.

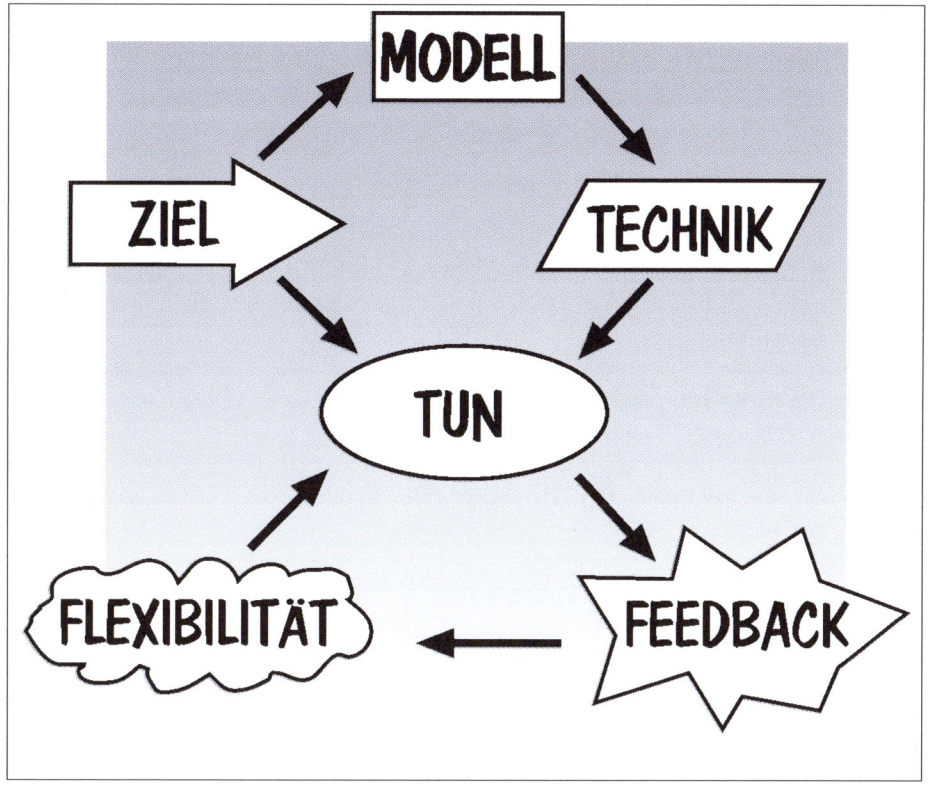

Abbildung 2: Handlungsmodell 2

Entscheidung für ein Ziel –> massive Aktivitäten setzen –> offen sein für Feedback –> mit neuen Ideen weiterwirken, so lange, bis Sie Ihr Ziel erreicht haben. – Eine Möglichkeit, exzellente Ergebnisse zu erzielen, ist es, diesen Kreislauf immer und immer wieder zu durchlaufen. Das wird garantiert zum gewünschten Erfolg führen.

Aber er gibt noch mehr. Es gibt noch eine elegantere Möglichkeit: Modeling. Modeling ist das Kernstück des NLP. Modeling ist nicht eine weitere NLP-Technik, es ist eine *Einstellung*. Die Ausrichtung auf exzellentes Verhalten wird mit dem Begriff Modeling bezeichnet. Modeling ist die Einstellung, sich an dem zu orientieren, was funktioniert.

Wir neigen dazu, immer nur das zu analysieren, was nicht funktioniert. Ist eine Sache hingegen gutgegangen, dann nehmen wir das hin und denken nicht weiter darüber nach, wie es eigentlich funktioniert hat. Schon in der Schule lernen wir, dass Abschreiben schlecht ist, und gleichzeitig lernen wir an unseren Fehlern entlang, anstatt uns daran zu orientieren, was richtig ist und was funktioniert.

NLP hingegen repräsentiert eine Grundeinstellung, die sich an dem orientiert, was funktioniert, und die sich im Prozess des Modeling darum bemüht, genau diese Sichtweise explizit lehr- und lernbar zu machen. Und es funktioniert folgendermaßen:

1. Suchen Sie sich ein Ziel: Zuerst müssen Sie wissen, welches Verhalten Sie modellieren wollen.

2. Dann ist es notwendig, ein Modell, ein Vorbild zu finden, das dieses Verhalten an den Tag legt. Nun können Sie herausfinden, wie dieses Verhalten funktioniert.

3. Die dritte Aufgabe ist es, zu beobachten, welche Struktur diesem Verhalten zugrunde liegt.

4. Daraus gewinnnen wir Strategien, die wir weiter verfeinern und optimieren können.

5. Der letzte Schritt ist es, dieses neue Verhalten in das eigene Handeln einfließen zu lassen oder aber auch dieses Verhalten anderen Menschen beizubringen.

➔ **12. Praxistipp: Das nächste Mal, wenn Sie jemanden sehen, der eine Fähigkeit hat, die Sie gerne hätten, schauen Sie einmal genau hin, um herauszufinden, welche Struktur dieser Fähigkeit zugrunde liegt. Fassen Sie den Mut, zu fragen: »Wie machst du das eigentlich?« Wiederholen Sie die Frage solange, bis Sie genügend wertvolle Informationen für die eigene Praxis gesammelt haben.**

Wenn Sie diese Anregung beherzigen, werden Sie erleben, dass Sie umgeben sind von exzellenten Mikrofähigkeiten. Indem wir diese erfragen, machen wir sie für uns verfügbar und verbessern damit unsere Kommunikationsfähigkeiten im Handumdrehen.

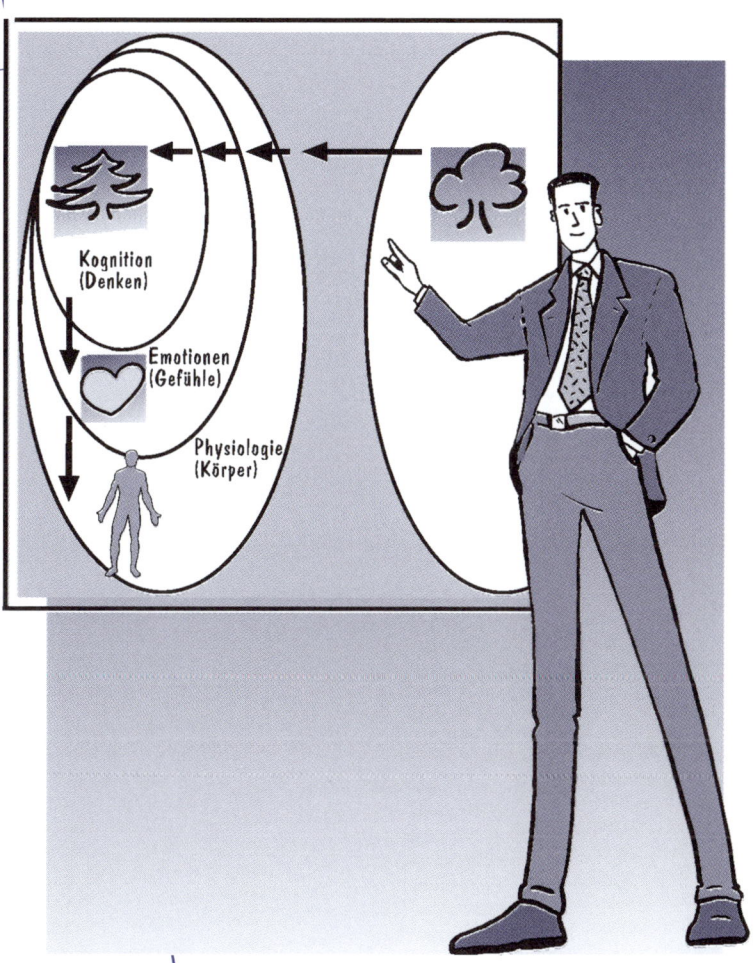

Abbildung 3: Kommunikationsmodell 1

Wenn Sie die eine oder andere der folgenden sechs Weisheiten schon einmal am eigenen Leib erlebt haben, aber dieses Erleben noch nicht wirklich in Ihr Handeln integriert haben, dann hören Sie auf Konfuzius: »Wissen und nicht danach handeln heißt noch nicht wissen.« Denn die folgenden sechs Weisheiten allein, wirklich umgesetzt in unserem Alltag, das würde schon die meisten unserer seelischen und körperlichen Probleme verschwinden lassen.

Jeder von uns hat seine eigene Realität, seine eigene Landkarte. Und jeder von uns hat eine Vielzahl von Landkarten. Wir haben eine Landkarte für unsere Ausbildung, für unsere Karriereplanung, für die Gründung einer Familie, für unsere Finanzen, für unsere religiösen Überzeugungen, für unsere politischen Einstellungen, fürs Geschäft, für den Umgang mit Kunden und Kollegen. Und jede dieser Landkarten ist für uns sehr wichtig. So wichtig, dass wir manchmal sogar bereit sind, für unsere Landkarten unseren Gesichtsausdruck ernst werden zu lassen, die Stimme in einem scharfen Ton zu erheben und Unstimmigkeiten auszutragen. Und was im Kleinen gilt, gilt im Großen noch mehr. Auch Kriege werden geführt, um Landkarten zu schützen. So bedeutsam sind unsere Landkarten für uns.

Landkarten sind also ungemein bestimmend für uns, und sie sind wundervolle Werkzeuge. Aber genau daraus ergibt sich auch ein Problem. Es gilt nämlich, Landkarte und Gebiet nicht miteinander zu verwechseln.

Die Landkarte ist nicht das Gebiet. – Das ist eine wichtige Grundannahme im NLP. Die meisten Auseinandersetzungen beruhen darauf, dass jemand die Landkarte mit dem Gebiet verwechselt. Mit Gebiet ist die »wirkliche« Welt gemeint, was immer wir auch darunter verstehen. Eben alles, was außerhalb von uns ist. Alles, was wir mit unseren Sinnen wahrnehmen können. Alles, was wir sehen, hören, fühlen, riechen und schmecken, ist das Gebiet

Die Landkarte ist das Modell der Welt, das heißt jenes Set von Wahrnehmungen über die Welt, die wir in unserem Gehirn zusammenfügen und recht bald für die wirkliche Welt halten. Die Landkarte ist unsere Interpretation der Realität, dessen, was wir sehen, hören, fühlen, riechen und schmecken.

Damit erschaffen wir unsere Möglichkeiten und im gleichen Maße auch unsere Grenzen. Das heißt, während wir die Welt wahrnehmen, erschaffen wir eine Landkarte der Welt in unserem Kopf.

Die meiste Zeit über ist das ein sehr nützlicher Prozess. Wir erhalten mit dieser Landkarte eine vereinfachte Abbildung der Welt. Und wenn wir Glück haben, dann sind die wesentlichen Faktoren abgebildet und die anderen weggelassen, sodass wir es leichter haben, uns in dieser Umwelt zu orientieren und zu organisieren.

Probleme aber können dort auftreten, wo wir vergessen, dass es sich nur um eine Landkarte handelt, und so tun, als wäre es die Wahrheit und als wüssten wir alles über die Welt – als hätten wir vergessen, dass wir ständig filtern.

Unser Bewusstsein entsteht nicht dadurch, dass wir mehr Sinneseindrücke hereinholen, sondern dadurch, dass wir enorm viel weglassen, enorm viel herausfiltern. Um »Welt« machen zu können, brauchen wir nicht mehr, sondern weniger Sinneseindrücke.

Manfred Zimmermann, Professor am Medizinischen Institut der Universität Heidelberg, hat zu diesem Thema sehr interessante Daten geliefert. Er hat festgestellt, dass pro Sekunde 26 Milliarden bits Sinneseindrücke auf unseren Augapfel treffen. Davon werden von unserem Auge, also visuell, 10 Millionen bits

Sinneseindrücke an unsere Sehrinde weitergeleitet. Ungefähr 1 Million bits kommen auditiv, also über das Ohr, zu unserem Zentralnervensystem. Und dann sind da noch je ein paar Hunderttausend bits aus unserem olfaktorisch-gustatorischen System, der Nase und dem Geschmackssinn, und aus unserer Kinästhetik, also aus unserem Körper. Es werden also 12 Millionen bits von unserem peripheren Nervensystem an unser Zentralnervensystem geleitet. Doch unser Bewusstsein ist lediglich in der Lage, 40 bits Sinneseindrücke zu verarbeiten!

Manfred Zimmermann meint entgegen allen bisherigen wissenschaftlichen Erkenntnissen, Bewusstsein entstehe nicht dadurch, dass wir mehr Sinneseindrücke hereinholen, sondern dadurch, dass wir enorm viele weglassen, ungemein viel herausfiltern.

In unserem Bewusstsein können wir +7/–2 Eindrücke bewusst wahrnehmen. Wir können lediglich +7/–2 Informationseinheiten verstehen bzw. gleichzeitig bewältigen.

Alles, was darüber hinausgeht, überfordert uns. Das sollten wir uns als professionelle Kommunikatoren von Zeit zu Zeit vergegenwärtigen!

In dem Kommunikationsmodell in Abb. 3 wirken verschiedene Ebenen zusammen, deren Funktion ich Ihnen an einem Beispiel zeigen möchte:

Jemand hat eine Idee und möchte diese Idee durch das Verbalgebilde »Baum« einem anderen mitteilen. Was passiert nun?

Der »Baum« macht sich auf die Reise durch eine ganze Menge von Wahrnehmungsfiltern, bevor er beim anderen ankommt. Angeborene Filter, die mit unserem Nervensystem zu tun haben, und solche, die wir im Laufe unseres Lebens erworben haben.

Wir sprechen von physiologischen, emotionalen und kognitiven Filtern. Das sind die drei Filter-Ebenen, die bei der Bildung unserer Realität immer wieder zur Anwendung kommen.

Wir bauen permanent Modelle der Welt, Landkarten im Kopf. In unserem Beispiel mit dem Baum funktioniert das folgendermaßen: Das Wort »Baum« kommt von außen an uns heran, und wir denken: »Ja, das kenne ich!« Und wir denken uns unseren Baum dazu – der nur sehr wenig mit jenem Baum zu tun haben wird, den unser Gegenüber meinte.

So aber läuft unsere Kommunikation üblicherweise ab! »Obwohl wir alle in der gleichen Umgebung leben, lebt jeder von uns in einer anderen Welt«, meinte Schopenhauer. Und Paul Valery sagte: »Ich lebe in einer Welt, die in mir ist.«

Wir können also unmöglich rein objektive Erfahrungen machen. Es liegt in der Natur der Sache, dass menschliche Erfahrungen subjektiv sind. Wir interpretieren alles, was uns widerfährt. Wir reagieren mehr auf dem Hintergrund unserer Landkarten als darauf, was wirklich geschieht.

Das zu erkennen ist der Schlüssel zu exzellenter Kommunikation. Zu lernen, dass es Unterschiede in den Landkarten gibt. Wenn es uns gelingt, die Land-

karten in einem Kommunikationsvorgang für kurze Zeit beiseite zu schieben, sodass es uns möglich wird, unserem Gegenüber in *seiner* Landkarte zu begegnen,
vermehren wir unsere Wahlmöglichkeiten und auch die Wahrscheinlichkeit, dass
wir effektiv, ja exzellent kommunizieren.

Filter sind an sich weder gut noch schlecht. Wir brauchen beides. Wir
brauchen sinnesspezifische Wahrnehmung, und wir brauchen Interpretationen. Der
entscheidende Punkt ist nur der, dass Sie als professionelle und kompetente Kommunikatoren in der Lage sein sollten, zu unterscheiden, wann Sie sehr viele Filter
einsetzen und wann Sie diese weglassen. Sie sollten unterscheiden können, wann
es nützlich ist, sinnspezifisch zu kommunizieren, und wann es möglich ist, Interpretationen auszutauschen.

Lassen Sie uns damit gleich ein wenig experimentieren.

Experiment
Stellen Sie sich vor, es ist Winter. Draußen schneit es, und es ist eisig kalt.
Es hat Sie die Grippe erwischt. Sie fühlen sich elend, ihre Ohren und
Stirnhöhlen sind verstopft, Sie haben Fieber, Schnupfen und Halsweh.
Und das genau jetzt, wo Sie doch morgen dieses langgeplante Gespräch
haben, diese wirklich wichtige Präsentation, diese einmalige Chance, ei-
nen Vertrag abzuschließen.
Deshalb raffen Sie sich auf und fahren zur Nachtapotheke. Ehe Sie in die
Straße einbiegen können, sehen Sie bereits einen freien Parkplatz un-
mittelbar vor dem Eingang der Apotheke. Sie freuen sich: »Wenigstens
kein weiter Weg durch Schnee und Kälte.« Als Sie gerade einbiegen wol-
len, kommt ein schnittiger roter Porsche daher, der sich genau bei diesem
Parkplatz einbremst. – »Auch das noch! So ein ...«

Halten Sie jetzt bitte inne, und schreiben Sie stichwortartig auf, wie Sie sich in
Bezug auf das Verhalten dieses Rowdys fühlen.

Unsere Geschichte geht noch weiter.:

> *Sie suchen sich also einen Parkplatz in der Nebengasse, schlagen den Kragen hoch, ziehen die Haube fest über beide Ohren. Sie stapfen durch den Schnee, rutschen auf einer Eisplatte fast aus und sind im Übrigen schon ausgesprochen schlecht gelaunt. In der Apotheke bestellen Sie etwas barsch Ihre Medikamente und sind verärgert darüber, dass das Präparat, das Sie brauchen, erst abgefüllt werden muss.*
>
> *»Wenn es so wichtig gewesen wäre, dann hätten Sie das Medikament ja telefonisch vorbestellen können, so wie der Mann vor Ihnen!« gibt Ihnen die Apothekerin zur Antwort.*
>
> *Jetzt sind Sie neugierig und fragen hämisch: »Was hat denn der gehabt?«*
>
> *»Er nichts. Aber sein Sohn, erst wenige Wochen alt, hat hohes Fieber, zittert am ganzen Körper und weint seit Stunden. Wenn es nicht bald gelingt, das Fieber zu senken, dann steht es schlecht um den Kleinen!«*

Wie denken Sie jetzt über diese Situation? Wie über den ungehobelten Burschen, der Ihnen den Parkplatz weggeschnappt hat? Und vor allem: Wie denken Sie jetzt in Bezug auf Ihre erste Interpretation? Notieren Sie Ihre Eindrücke stichwortartig.

Sie sehen also, Unterscheidungen zu treffen ist wirklich wesentlich, gerade wenn es um lebensnotwendige Informationen geht. Information ist jener Unterschied, der einen Unterschied macht. Information ist jener Unterschied, der wirklich relevant ist.

Wenn Sie das als Basis für Ihre Kommunikation nehmen, können Sie sich auch ansehen, wo Sie Unterscheidungen treffen. Und schauen Sie sich genau an, welche Unterscheidungen Sie treffen und welche nicht.

Gerade im sinnesspezifischen Bereich unterliegen wir sehr stark der Täuschung. Um das, was ich meine, besser nachvollziehen zu können, lade ich Sie ein, etwas auszuprobieren.

Abbildung 4: Eierschale (Foto von Otto und Vinzenz Knapp)

Experiment
Was Sie hier sehen, ist ein Eierkarton. Die Frage ist nur, sehen Sie ihn von oben oder von unten? Könnten Sie Eier hineinstellen, so wie Sie ihn jetzt sehen, oder müssten Sie ihn zuerst umdrehen? So wie es aussieht, könnten wir Eier hineinstellen. Doch jetzt stellen Sie mal das Buch auf den Kopf, und betrachten Sie den Eierkarton so.
Allein durch das Verdrehen des Buches änderten sich die Vertiefungen in Erhebungen. Warum? Nun, ganz einfach deshalb, weil wir durch Erfahrung davon ausgehen, dass das Licht von links oben kommt. Erhöhungen oder Vertiefungen schätzen wir daher auf Grund der Positionen des Schattenwurfes ein. Und diese Position verändert sich natürlich, wenn Sie das Buch drehen.

→ 13. Praxistipp: Machen Sie sich auf die Suche nach der größten Differenz zwischen Landkarten, die Sie in Ihrer Umgebung entdecken können. Und staunen Sie darüber. Beim nächsten Missverständnis in der Kommunikation mit jemand anderem finden Sie heraus, wie es möglich ist, dass so etwas passiert. Erkunden Sie die Landkarte des anderen, und entdecken Sie, wie viel Sie dabei über ihn erfahren und wie Sie diese Erkenntnisse zu Ihrem beiderseitigen Verständnis einsetzen können.

Wenn Sie sich darin üben, das Gebiet von der Landkarte zu unterscheiden, werden Sie selbst offener und verständnisvoller in Ihrer Kommunikation. Eine wichtige Voraussetzung für alles Weitere.

Die Art und Weise, wie wir Landkarten bilden, beeinflusst ziemlich direkt unsere Emotionen.

Experiment

Stellen Sie sich vor, Sie gehen nach einem langen, anstrengenden Arbeitstag abgekämpft und niedergeschlagen in eine Bar. Sie nehmen an der Theke Platz und bestellen ein kühles Bier. Während Sie darauf warten, sehen Sie am anderen Ende jemanden, der Ihnen diesen gewissen Blick zuwirft. Sie wissen schon ... Heben der Augenbrauen, Lächeln auf den Lippen. Sofort sind Sie da mit Ihren Interpretationen und denken bei sich: »Hm, die steht auf mich. Echt toll!« Es geht Ihnen sofort besser. Ein angenehmes Gefühl stellt sich ein, und bevor Sie sich versehen, lächeln Sie zurück.

Wenn es stimmt, dass unsere Wahrnehmung permanent zwischen sinnesspezifischer Wahrnehmung und Interpretation wechselt und die Interpretationen unseren emotionalen Zustand beeinflussen, welche Möglichkeiten haben wir dann, unseren emotionalen Zustand zu verändern?

Eine Möglichkeit, unsere Emotionen zu verändern, ist es, die Art und Weise der Landkartenbildung zu verändern. Überprüfen wir das in einem Experiment:

Experiment

Machen Sie sich ein Bild von einer unangenehmen Situation. Machen Sie sich ein Bild davon, wie irgend etwas passiert ist, das nicht angenehm für Sie war. Eine Situation, in der Sie innerlich angespannt waren, in der Sie sich vielleicht bei etwas Unerlaubtem ertappt fühlten, in der ein Gespräch nicht den gewünschten Ausgang genommen hat etc. Wenn Sie so eine Situation gefunden haben, wenn Sie dieses Bild vor Augen haben, nehmen Sie folgende Unterscheidung wahr:

Sind Sie mittendrin im Geschehen von damals? Ist es so, als ob Sie dieses Erleben in Ihrem Körper wiederholen? Ist es so, als ob Sie diese Situation durch Ihre eigenen Augen sehen? Sehen Sie sowohl die Personen als auch den ganzen Ablauf? Das heißt, sind Sie ganz in der Situation? Sehen Sie, was Sie sahen? Hören Sie, was Sie hörten? Fühlen Sie sich so, wie Sie sich fühlten? Sind Sie assoziiert im Erleben?

Oder sind Sie dissoziiert von diesem Erleben? Sehen Sie sich selbst im Bild? So als würden Sie sich dabei beobachten, wie Sie die Situation erleben? So als ob Sie einen Film ansehen, den jemand anderer gedreht hat, und sich jetzt in dieser Situation beobachten? Während Sie in einem bequemen Sessel sitzen, sehen Sie sich selbst wie auf dem Bildschirm des

Wenn wir etwas über uns selbst lernen wollen, dann tun wir das am besten, indem wir uns wie in einem Film beobachten. Wir können dann besser sehen, was mit uns und den anderen Beteiligten um uns herum passiert. Wir sind offener und objektiver. Wir können dann klar sehen, was in dieser Situation nicht sinnvoll und nicht angemessen war, und es für unsere eigene Zukunft ändern. Es ist folgenschwer, Abstand zu gewinnen, um wieder einen kühlen Kopf zu kriegen. Wenn wir unsere Landkarte verändern, verändern wir auch unsere Gefühle.

Gerade im Bereich des Selbstcoaching ist es absolut entscheidend, mehr über das Entstehen unserer Emotionen Bescheid zu wissen. Ist es Ihnen nicht auch schon passiert, dass Sie in einer Arbeitssituation einfach im falschen Zustand waren? Sie sollten dissoziiert sein und waren assoziiert. Sie werfen mit Blicken um sich, die dieser Situation nicht angemessen sind. Sie sprechen Worte, die schon längst unangebracht sind. Sie sind in gewissen Gefühlen gefangen, die Sie gar nicht möchten, usw.

Oder Sie sollten assoziiert sein, sind aber dissoziiert. Sie halten sich aus einer Situation heraus. Sie stehen nicht zu dem, was Sie sehen. Sie sagen nicht das, was Sie sagen möchten. Sie reagieren nicht so, wie Sie fühlen, usw.

Wir unterscheiden im NLP zwischen Filtern, die wir unter Kontrolle haben, und solchen, die wir nicht unter Kontrolle haben. Wenn wir beginnen, uns dieser Zustände bewusst zu werden, können wir zunehmend besser von einem Zustand zum anderen wechseln. Wenn wir unsere Filter unter Kontrolle haben, können wir den für die jeweilige Situation richtigen Zustand wählen.

Es ist bedeutend, bewusste Kontrolle über diese beiden Erlebensweisen zu bekommen. Bei den Filtern, die wir unter Kontrolle haben, werden wir erst dann einen Fortschritt in Richtung besserer Kommunikation feststellen, wenn wir mit diesen Filtern aktiv umzugehen wissen, das heißt uns darin geübt haben, diese Filter mehr oder weniger zuzulassen. Auch das ist Teil unserer Landkartenbildung und beeinflusst somit direkt unsere Emotionen.

→ **14. Praxistipp:** **Wenn Sie das nächste Mal bemerken, dass Sie in einer Kommunikationssituation den Überblick verloren haben, treten Sie innerlich kurz zur Seite, und begeben Sie sich in die Beobachterposition. Bemerken Sie, wie Ihre emotionale Beteiligung abnimmt und Ihr Überblick zurückkehrt.**

Wenn Sie den »roten Faden« in diesem Gespräch wieder gefunden haben, nehmen Sie einmal bewusst wahr, welche Möglichkeiten in diesem Positionswechsel stecken.

→ **15. Praxistipp: Wenn Sie das nächste Mal in einer angenehmen Situation bemerken, dass Sie sich eigentlich selbst beobachten und nicht richtig dabei sind, dann sorgen Sie dafür, dass Sie ganz in Ihren Körper wechseln. Sehen Sie aus Ihren eigenen Augen, hören Sie mit Ihren Ohren, und spüren Sie Ihren Körper so richtig.**

Sobald Sie voll eingestiegen sind, beginnen Sie aufzutanken. Ihr Gefühlsleben und Ihre Gesundheit werden es Ihnen danken!

Die dritte Weisheit: Unsere Emotionen beeinflussen unseren Körper

Landkarten beeinflussen also unsere Gefühle. Aber es geht noch weiter: Unsere Emotionen beeinflussen wiederum unsere Physiologie, unseren Körper. Wir haben erlebt, dass nicht nur der Inhalt unseres Weltmodells unsere Emotionen beeinflusst, sondern auch die Art und Weise, wie wir den Inhalt repräsentieren. Wir haben erlebt, dass es einen Unterschied macht, wie wir ein Bild intern repräsentieren. Ob wir es assoziiert oder dissoziiert erleben, ob es groß oder klein ist, hell oder dunkel. Die Art und Weise, wie wir die Welt machen aus dem, was auf uns einströmt, bestimmt, wie wir uns fühlen.

Es bestimmt aber auch, welche Körperhaltung wir einnehmen. Es bestimmt, ob wir mit gebeugtem oder mit aufrechtem Gang durch die Welt gehen.

Ich lade Sie ein, dies gleich selbst auszuprobieren.

Experiment

Erinnern Sie sich zunächst an eine Situation in Ihrem Leben, in der Sie sehr deprimiert, sehr niedergeschlagen waren. Je mehr Sie sich zurückversetzen in diese Situation, desto mehr werden Sie bemerken, wie die Gefühle von damals auch Ihren Körper von heute verändern. Nehmen Sie wahr, wie sich Ihre Körperhaltung verändert. Hören Sie auf den Klang Ihrer Stimme.

Richten Sie sich wieder auf, und nehmen Sie ein, zwei tiefe Atemzüge. Schütteln Sie sich auch etwas aus, um die alten Gefühle loszulassen.

Im Anschluss möchte ich Sie bitten, sich an Ihre erste Jugendliebe zu erinnern. Machen Sie sich ein Bild von diesem Menschen. Wie hat er ausgesehen? Welchen Klang hat seine Stimme gehabt? Wie haben sich seine Berührungen angefühlt? Ist Ihnen auch noch ein bestimmter Duft in Erinnerung? Achten Sie darauf, wie sich nun dieses Erleben auf Ihren Körper auswirkt. Atmen Sie einige Male ganz tief durch und bemerken Sie, wie sich Ihr Körper verändert, wie sich Ihre Gesichtszüge entspannen, wie Sie lächeln, und genießen Sie diese Erinnerung einige Zeit.

Unser Körper ist der Spiegel unserer Gefühle.

→ **16. Praxistipp: Schenken Sie Ihrer Körpersprache mehr Beachtung. Achten Sie in den nächsten Tagen darauf, was Ihr Körper, Ihre Mimik über Ihren aktuellen Gefühlszustand aussagt. Verändern Sie beides. Beachten Sie auch die Körpersprache der anderen. Lernen Sie die Physiologie zu lesen. Der Körper sagt mehr über unsere Gefühle, als Worte es können. Im Zweifel: Glauben Sie dem Körper.**

Mit der Zeit werden Sie lernen, aus minimalen körpersprachlichen Signalen Ihre eigene innere Verfassung und die Ihres Gegenübers immer präziser einzuschätzen. Menschenkenntnis ist Kenntnis der Körpersprache.

Jetzt beginnt sich unser Weg umzukehren. Wir wissen schon, dass unsere Gedanken unsere Gefühle beeinflussen und diese unseren Körper. Nun werden wir erleben, dass auch das Gegenteil stimmt. Genauso wie unsere Emotionen unseren Körper beeinflussen, beeinflusst unser Körper, unsere Körperhaltung unsere Emotionen.

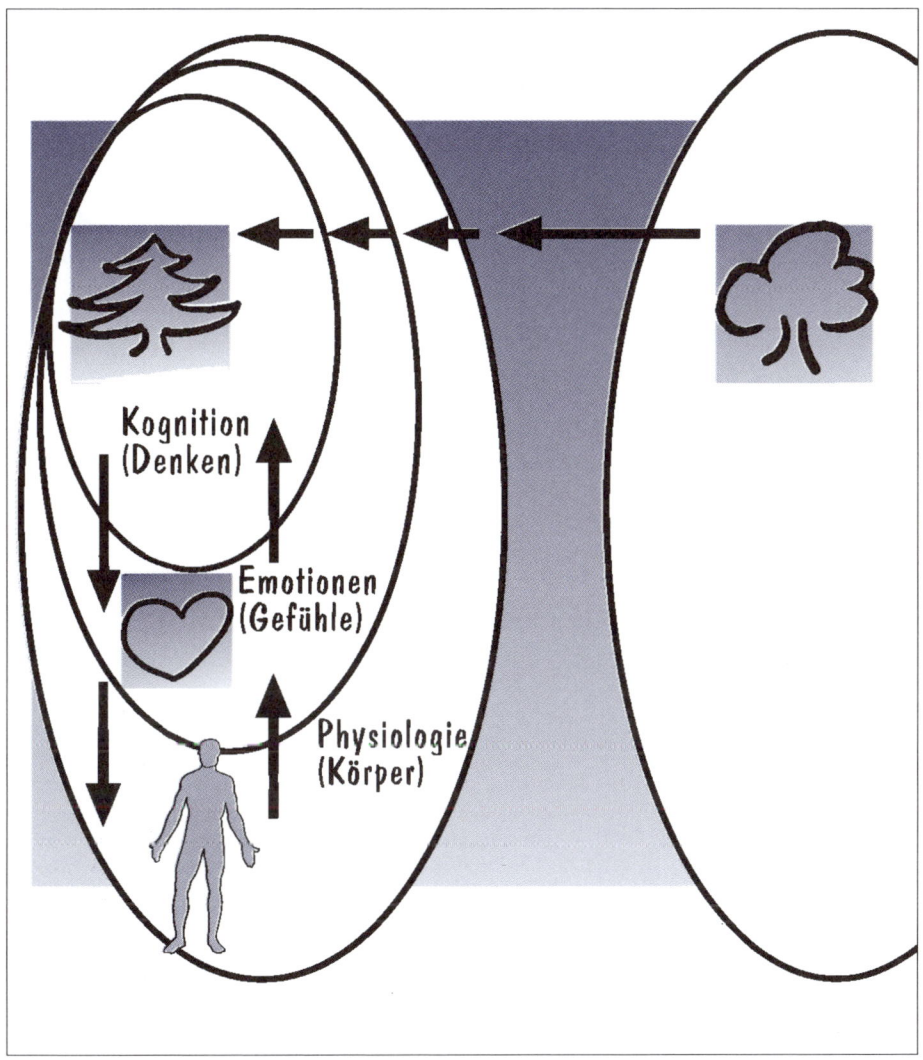

Abbildung 5: Kommunikationsmodell 2

Experiment

*Stellen Sie sich vor, Sie sind ein Superheld, so wie Superman oder Super-
girl. Sie haben eine aufrechte, sportliche Haltung und dieses lange Cape
über den Schultern. Damit das Cape horizontal im Wind flattern kann,
müssen Sie aufrecht stehen, tief durchatmen und dann ein paar dynami-
sche Schritte durch den Raum machen. Gehen Sie auf diese Weise durch
den Raum, und seien Sie dabei so dynamisch, dass Ihr fiktives Cape waag-
recht hinter Ihnen im Raum steht. Bemerken Sie, wie dieser »Capewalk«,
diese Körpersprache Ihre Emotionen beeinflusst. Sie verändern dabei
nämlich tatsächlich Ihre Körperchemie in eine sehr positive Richtung.*

→ **17. Praxistipp: Wenn Sie das nächste Mal feststellen, dass Ihr ak-
tueller emotionaler Zustand keine ausreichende Grundlage für die
momentane Situation ist, probieren Sie Folgendes: Nehmen Sie sich
zwei Minuten, und machen Sie den »Capewalk«! Gehen Sie so lange
mit erhobenem Kopf, tiefer Atmung, aufrechter Haltung und mit
überlegener Miene auf und ab, bis Sie Ihre emotionale Verfassung als
unterstützend erleben.**

Sie werden spüren, dass sich ein Problem auf der rein körperlichen Ebene sehr
rasch verändern lässt. Nutzen Sie diese direkte Möglichkeit, Ihre Gefühlswelt zu
beeinflussen. Nehmen Sie das Steuer selbst in die Hand. Sie werden damit nicht
gleich alle Probleme gelöst haben, aber Sie werden Ihre verfügbaren Möglichkeiten besser ausnützen, und das wird in den meisten Fällen schon einen bedeutenden
Unterschied machen!

Sie haben gespürt, wie unsere Physiologie unsere Emotionen beeinflusst und unsere Emotionen unsere Möglichkeiten beeinflussen. Der erste Schritt in diesem Modell war, zu erkennen, dass die Qualität unserer mentalen Landkarten, die Qualität unserer Interpretationen Auswirkungen hat auf unsere Emotionen. Doch wir können es auch umgekehrt machen, und erleben, wie die Qualität unserer Emotionen sich auf unsere mentale Landkarte auswirkt.

Ein Beispiel, das vermutlich jeder von uns schon selbst oder aus der Entfernung erlebt hat: Ein Mitarbeiter geht pfeifend und sichtlich wohlgelaunt den Gang zum Chef entlang. Da trifft er auf seinen Kollegen, der ihn interessiert fragt: »Wo gehen Sie denn hin so guter Laune?« »Zum Chef. Ich werde ihn um eine Gehaltserhöhung bitten!« Daraufhin der andere: »Das ist aber jetzt ein schlechter Zeitpunkt. Beim Chef herrscht gerade Gewitterstimmung.« Darauf der Mitarbeiter, geknickt und enttäuscht: »Schade. Dann komme ich besser morgen wieder.«

Wir gehen davon aus, dass gewisse Emotionen beim Chef seine Möglichkeiten beeinflussen, Entscheidungen zu treffen. Bei »Gewitterstimmung« trauen wir dem Chef einfach nicht zu, »Gehaltserhöhung, ja!« zu denken. Bei anderen emotionalen Zuständen hingegen schon.

Das ist die Realität, in deren Rahmen wir uns verhalten und in der sich dieser Mitarbeiter umdreht und beschließt, morgen wiederzukommen.

Unsere Befindlichkeit beeinflusst unsere Wahlmöglichkeiten, diese werden entweder eingeschränkt oder erweitert. Und es geht noch weiter. Unsere Physiologie beeinflusst unsere Emotionen – und unsere Landkarte. Unsere Landkarte wiederum bestimmt unsere Emotionen.

Ob Sie jemanden mögen oder nicht, ob Sie eine Aufgabe als Herausforderung oder als Problem ansehen, ob Ihr Tag ein guter oder ein schlechter wird, hängt nicht von den anderen oder von äußeren Faktoren ab. Ob Sie sich gut oder schlecht fühlen, hängt ganz allein von Ihnen selbst ab. Sie selbst tragen die Verantwortung dafür, welche Emotionen Ihre Landkarte beeinflussen.

➜ **18. Praxistipp: Wenn Sie das nächste Mal in einem Gespräch schlechte Stimmung »orten«, dann distanzieren Sie sich kurz innerlich, und überlegen Sie sich, mit welchen Interventionen Sie für eine andere Stimmung bei sich selbst, aber auch bei Ihrem Gegenüber sorgen könnten. Setzen Sie alles daran, auf dieser emotionalen Ebene Ihre Interventionen so lange durchzuführen, bis sich die Stimmung entsprechend zum Positiven verändert hat. Nutzen Sie dabei alle intuitiven Möglichkeiten, die Sie haben, und die neuen Möglichkeiten, die Sie in diesem Buch kennenlernen. Sorgen Sie zum Beispiel dafür, dass alle Beteiligten ihre Körperhaltung verändern, wechseln Sie den Standort, gehen Sie ein paar Schritte, erzählen Sie eine Episode. Denken Sie daran: Die Stimmung bestimmt!**

Sobald Sie beginnen, sich als Emotions-Coach für sich und Ihre Umgebung zu verstehen, werden Sie in kürzerer Zeit bessere Ergebnisse erzielen können. Die falsche Emotion, die falsche Chemie ist unnötiges Weggepäck. Legen Sie es ab, und gehen Sie Ihre Wege mit Leichtigkeit. Genießen Sie dabei alles, was Ihnen begegnet.

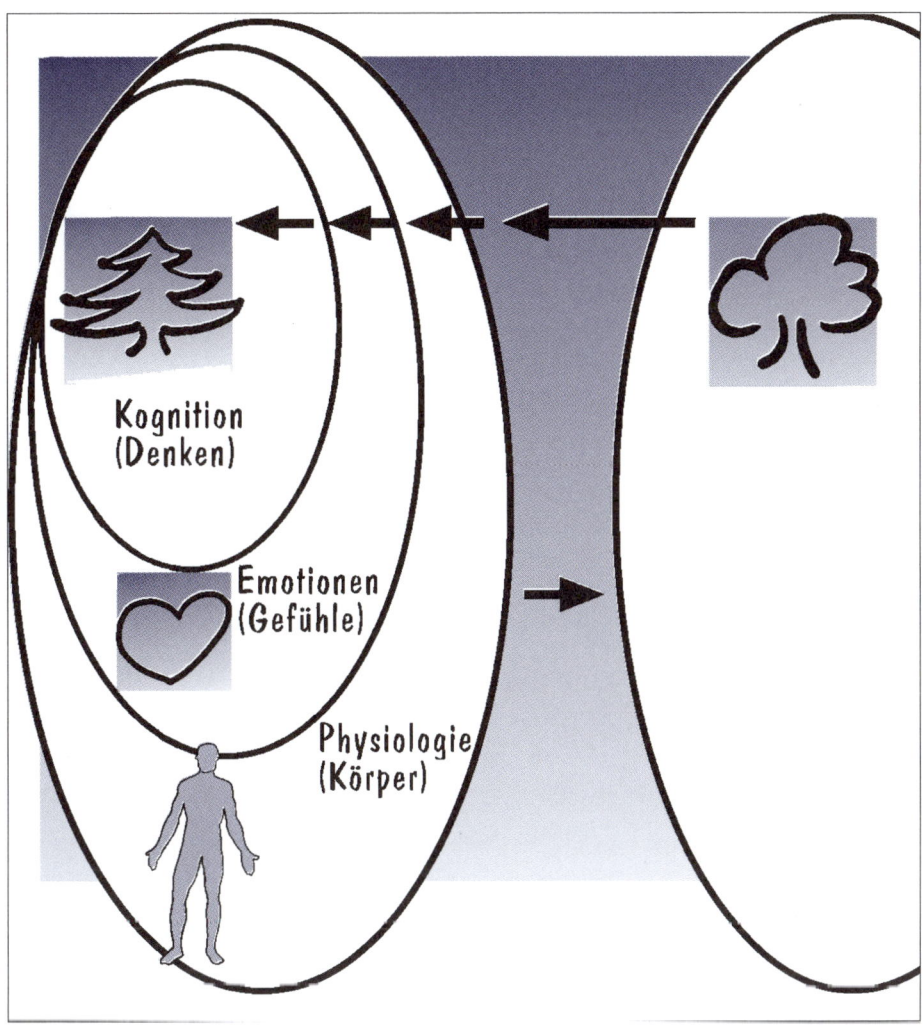

Abbildung 6: Kommunikationsmodell 3

Wir wissen jetzt, dass unsere Landkarten unsere Emotionen beeinflussen. Unsere
Emotionen beeinflussen unsere Physiologie. Und all das gilt auch umgekehrt. Unsere Physiologie beeinflusst unsere Emotionen. Und unsere Emotionen beeinflussen unsere Landkarten. Den Emotionen kommt dabei eine ganz besondere Bedeutung zu. Sie befinden sich im Zentrum dieses Modells und nehmen dadurch sowohl
auf unsere Landkarte als auch auf unseren Körper Einfluss.

All das nehmen wir als Grundlage für unser Handeln. Die Qualität unseres Verhaltens ergibt sich aus der Qualität unseres Gesamtzustandes. Aus der Qualität unserer mentalen Landkarte, der Qualität unserer Emotionen und der Qualität unseres körperlichen Zustandes. Lassen Sie uns das kurz überprüfen.

Experiment

Was passiert, wenn ein Mensch, auf dessen Urteil Sie etwas geben, Ihre Arbeit mit Lob und Anerkennung würdigt? Was geht in Ihnen vor, wenn Sie diesen Menschen überzeugt und begeistert auf sich zukommen sehen? Was geht in Ihnen vor, wenn Sie Worte der Zustimmung hören? Was denken Sie? Welche mentale Landkarte bilden Sie in diesem Moment?

Und jetzt, wo Sie diese mentale Landkarte haben, diesen inneren Zustand, diese Realität: Welche Gefühle steigen da in Ihnen auf? Es gibt eine Menge Gefühle, die Sie in Bezug auf Lob und Anerkennung haben könnten. Sie können sich in Ihrer Arbeitsweise bestätigt fühlen. Sie können sich in Ihrem Selbstwertgefühl bestärkt fühlen. Sie können sich als Person anerkannt fühlen usw.

Wenn Sie diese Kette von Gefühlen haben, passiert noch eine dritte Sache. Ihre Physiologie verändert sich. Sie sehen, wie Ihre Hormone Ihr Gesicht erröten lassen. Sie bemerken, wie sich der Ton Ihrer Stimme erhellt. Sie spüren, wie Sie Ihre Muskeln lockern und Ihr Herz zu klopfen beginnt.

An diesem Gesamtzustand von Körperreaktionen, Gefühlen und Gedanken setzt Ihr Verhalten an. Aus diesem Gesamtzustand heraus handeln Sie. Mit diesem Gesamtzustand im Rücken ergeben sich neue Chancen und Möglichkeiten für Ihren persönlichen Erfolg. Sie befinden sich auf einer Aufwärtsspirale.

→ **19. Praxistipp: Bevor Sie das nächste Mal etwas angehen, überprüfen Sie alle drei Instanzen. Organisieren Sie Ihre körperlichen Möglichkeiten (z. B. durch einen »Capewalk«), achten Sie auf Ihre Gefühle, achten Sie auf Ihr Denken; tun Sie alles, was in Ihrer Macht liegt, um in einer guten Verfassung zu sein. Selbst Carl Lewis in seiner besten Zeit gab seinen Konkurrenten am Start keine Vorgaben. Er stellte seinen Startblock nicht hinter den der anderen. Verschenken Sie nichts. Wenn es die Aufgabe wert ist, nutzen Sie alles, was Ihnen zur Verfügung steht!**

Wenn Sie darin erst einmal Übung bekommen, bemerken Sie auch, wie sich dies auf Ihren Gesamtzustand auswirkt. Sie werden sich daran gewöhnen, alle Ressourcen, die in diesen sechs Weisheiten stecken, zu verwenden, und Sie werden sich nicht mehr mit weniger zufriedengeben wollen. Die Qualität Ihres Lebens wird das widerspiegeln.

Teil 4
Selbstcoaching: Hilf dir selbst, dann helfen dir (vielleicht) auch andere

Das Handlungsmodell hat uns gezeigt, wie Landkarten, Emotionen und Körper in beide Richtungen eng miteinander verknüpft sind. Gerade im Bereich des Selbstcoaching, des Selbstmanagement und der Selbstmotivation liegen viele Ressourcen für uns bereit. Der Ansatz, für uns selbst, für unser eigenes Statemanagement etwas zu tun, ist ein ganz wesentlicher. NLP bietet dafür Werkzeuge, die Ihnen auf die Frage »Wie möchte ich mich fühlen angesichts dieser Situation?« mehrere Möglichkeiten anbieten, Ihr Leben in jene Richtung zu verändern, die Sie sich wünschen.

Jede Kommunikation beginnt mit der guten Kommunikation mit sich selbst. Jede Kommunikation beginnt mit der ersten Position. Von da weg lernen wir, dass die Verantwortung für uns selbst gleichzeitig auch eine Verantwortung für andere Menschen ist. Wann immer wir auf uns selbst auf negative Art und Weise einwirken, wann immer wir uns in einem schlechten Zustand befinden, hat das Auswirkungen auf die Menschen um uns herum. Wann immer wir uns selbst gut fühlen, wann immer wir voll Kraft und Elan sind, hat das auch Auswirkungen.

Im Folgenden stelle ich Ihnen einige Möglichkeiten vor, mit denen Sie Ihre Emotionen beeinflussen, um zuerst einmal besser für sich selbst zu sorgen.

Ein chinesisches Sprichwort sagt: »Der Mensch bringt jeden Tag sein Haar in Ordnung, warum nicht auch sein Herz?«

Wie wir Shampoo, Bürsten, Kämme, Spangen, Schleifen, Bänder und Ähnliches einsetzen, um unser Äußeres zu gestalten, so können wir für unser Inneres ebenso Werkzeuge einsetzen, um Veränderungen in Richtung Wohlbefinden zu bewirken. Wir selbst bestimmen, wie wir uns fühlen. Wir selbst bestimmen, was wir fühlen. Das hören wir manchmal nicht gerne. Doch so lange wir unsere Emotionen nur bis zu einem gewissen Grad im Griff haben, vergessen wir, dass wir selbst für uns und unsere Gefühle verantwortlich sind. Wenn wir bereit sind, die Verantwortung dafür zu übernehmen, was wir wollen, werden wir auch erreichen, was wir uns wünschen.

Im vorangegangenen Kapitel ist es mehr darum gegangen, zu verändern, *was* wir uns vorstellen. Im Folgenden wird es darum gehen, zu verändern, *wie* wir uns etwas vorstellen.

Es sind unsere fünf Sinne, mit denen wir die Welt wahrnehmen: die Augen, die Ohren, die Hände, die Nase und der Mund. Wir sehen, hören, fühlen, riechen und schmecken. Im NLP nennen wir diese Sinnesmodalitäten visuell, auditiv, kinästhetisch, olfaktorisch und gustatorisch oder kurz VAKOG. Mit denselben Sinnen verarbeiten wir alle Informationen auch intern.

In jedem dieser Repräsentationssysteme gibt es nun weitere Unterscheidungen. Diese feineren, subtileren Unterscheidungen, die wir treffen, werden im NLP Submodalitäten genannt. Es sind dies jene Zutaten, die wir benötigen, um unterstützend unsere mentale Innenwelt zu gestalten. Es sind dies die kleinsten Bausteine, aus denen sich unsere Erfahrungen zusammensetzen, jene Unterscheidungen, die einen Unterschied machen.

Um unsere Erfahrungen besser verstehen und steuern zu können, müssen wir mehr darüber wissen, wie wir Menschen uns etwas vorstellen. Wir müssen wissen, ob unsere Bilder farbig oder schwarzweiß, hell oder dunkel, bewegt oder still sind. Wir müssen wissen, ob wir in einem Bild assoziiert oder dissoziiert sind. Wir müssen wissen, ob unsere Stimme laut oder leise, hoch oder tief, nah oder fern klingt. Wir müssen wissen, ob wir etwas intensiv oder schwach, heiß oder kalt, weich oder hart fühlen. Im Folgenden finden Sie eine Liste möglicher Submodalitäten.

visuell	auditiv
Anzahl der Bilder	Anzahl der Laute
dissoziiert oder assoziiert	Abstand oder Befindlichkeit im Raum

Wo im Raum?
Abstand
3D oder flach

farbig oder schwarz-weiß
bewegt oder still
eingerahmt oder Panorama
Form
Größe in Relation zur Realität

horizontale oder vertikale
Perspektive
Helligkeit in Relation zur Realität
Vordergrund/Hintergrund

Kontrast

Musik oder Geräusche oder Stimme
binaural oder monaural
Geschwindigkeit in Relation zur
Realität
Klarheit
Schärfe – hoch oder tief
Lautstärke – intensiv oder reduziert
Klang – dunkel oder hell
Harmonie – harmonisch oder
disharmonisch
Tonart – Dur oder Moll

Rhythmus – monoton oder bewegt
verzerrt (durch Hall) oder
unverzerrt
Vielfalt der Stimmen (eine Stimme
oder mehrere)

kinästhetisch

still oder bewegt, von wo nach wo?
Form
Dauer
Ort – von außen oder innen
Intensität
Temperatur – warm oder kalt
Feuchtigkeit
Struktur – flauschig, rauh oder
glatt
hart oder weich
fest oder zart
Gewicht – schwer oder leicht
Art – drückend, pochend,
stechend, rubbelnd
Tempo – schnell oder langsam
Ausdehnung

olfaktorisch/gustatorisch

süß oder sauer
bitter
salzig oder aromatisch
verbrannt oder wohlschmeckend
mild oder scharf
würzig oder fad
stechend oder dezent
natürlich oder parfümiert

frisch oder modrig
saftig oder trocken
fruchtig, erdig, hölzern,blumig
natürlich oder künstlich

lieblich oder deftig
langanhaltend oder schnell
verfliegend

Mit Hilfe der Submodalitäten können wir herausfinden, wie unser Gehirn, unser analoges Denken, Informationen abspeichert, qualifiziert und ordnet. Diese Art und Weise, Informationen abzulegen und zu ordnen, ist extrem mächtig. Es ist ein grundlegendes Konzept im NLP. Vor allem im Bereich des Selbstcoaching können wir Unglaubliches damit machen. Was jetzt folgt, ist erst der Anfang.

Experiment
Erinnern Sie sich bitte an jenes Bild von einer unangenehmen Situation, das Sie sich im vorangegangenen Kapitel gemacht haben. Ein Bild davon, wie irgend etwas passiert ist, das nicht angenehm für Sie war. Eine Situation, in der Sie innerlich angespannt waren. Eine Situation, in der Sie sich bei etwas Unerlaubtem ertappt fühlten. Eine Situation, in der ein Gespräch nicht den gewünschten Ausgang genommen hat ...
Wenn Sie dieses Bild nun wieder vor Augen haben, nehmen Sie noch einmal wahr, ob Sie drinnen im Bild oder außerhalb des Bildes sind. Nehmen Sie noch einmal wahr, ob Sie die Situation erleben oder ob Sie sich in dieser Situation beobachten.

Die Fähigkeit, sich aus einem Bild, aus einer konkreten Situation herausnehmen zu können oder voll einzusteigen, ist vor allem für den Coaching-Bereich enorm nützlich.

Experiment
Nehmen Sie jetzt dasselbe Bild von vorhin her, und schaffen Sie noch etwas mehr Distanz zwischen sich und dem Bild. Machen Sie es vielleicht schwarzweiß. Bringen Sie es in Briefmarkengröße. Schieben Sie es irgendwo hin, nach oben links vielleicht. Und geben Sie Ihrem Bild einen barocken Rahmen, einen, der beinahe lächerlich wirkt. Nun legen Sie das Bild endgültig ab, wo immer es Ihnen richtig erscheint.
Machen Sie sich nun noch ein Bild von einem angenehmen Erlebnis, das Sie in letzter Zeit hatten. Ein Bild davon, wie irgend etwas passiert ist, das sehr angenehm für Sie war. Eine Situation, in der Sie erholt und entspannt waren. Eine Situation, in der Sie sich voll Kraft und Elan fühlten. Eine Situation, in der etwas, das Sie sich wünschten, in Erfüllung gegangen ist, usw.
Sie könnten sich aber auch ein Bild von etwas machen, das Sie erreichen möchten. Ein Bild davon, wie eine Besprechung für alle Anwesenden erfolgreich endet. Ein Bild davon, wie eine Produktpräsentation klar und anschaulich abläuft. Ein Bild davon, wie Sie einer Ihrer Kunden nach einem Besuch bei Ihnen gut gelaunt und zufrieden verlässt, usw.
Wenn Sie dieses Bild nun vor Augen haben, sind Sie drinnen im Bild oder außerhalb des Bildes? Erleben Sie diese Situation selbst, oder be-

obachten Sie sich in dieser Situation? Sind Sie assoziiert oder dissoziiert? Und dann gehen Sie noch tiefer in dieses Bild hinein, holen Sie es noch näher an sich heran, machen Sie es doppelt so groß. Jetzt intensivieren Sie die Farben. Lassen Sie die Beteiligten vielleicht in einem warmen, verständnisvollen Ton miteinander reden, oder geben Sie Musik dazu, die das Angenehme der Situation noch unterstreichen kann. Und jetzt korrigieren Sie noch die Bewegung im Bild. Mehr oder weniger, je nachdem, was besser passt, und spüren Sie, wie sich dieses angenehme Gefühl noch verstärkt. Bleiben Sie in diesem guten Zustand, so lange Sie wollen.

Überzeugt? Ahnen Sie bereits, wie wirksam die Arbeit mit Submodalitäten für Sie sein kann? Haben Sie bereits Ideen dazu, welche Möglichkeiten sich für Ihre geistige Mitbestimmung daraus ergeben können? Wissen Sie schon, welchen inneren Film Sie in Zukunft immer wieder und wieder ansehen wollen?

Die Arbeit mit Submodalitäten ist ein kleiner Baustein mit großer Wirkung. Wir erhöhen unsere Chancen auf ein zufriedenes Leben, so wie wir es uns vorstellen, wir erhöhen die Wahrscheinlichkeit, im Beruf Spaß und Erfolg zu haben, wesentlich, wenn wir uns nicht ausschließlich mit der Außenwelt beschäftigen, sondern wenn wir beginnen, einen Teil unserer Fähigkeiten auf uns selbst und auf unser eigenes Vorstellungsvermögen anzuwenden, wenn wir beginnen, uns mit unserer eigenen Innenwelt zu beschäftigen.

→ **20. Praxistipp: Wenn Sie das nächste Mal von einer vergangenen Situation eingeholt werden, die Ihre aktuelle Befindlichkeit stört, lenken Sie Ihren Blick auf die Ihrem Erleben innewohnenden Feinheiten. Finden Sie ein bis drei für Sie relevante Submodalitäten heraus, und beginnen Sie, dort in der soeben beschriebenen Weise Veränderungen vorzunehmen. Machen Sie das Bild dissoziiert, schieben Sie es weiter weg ... So lange, bis die Situation ihre Kraft verliert. Dann betrachten Sie sie nochmals, in diesem veränderten Stil, und entdecken Sie, was Sie aus dieser Erfahrung noch lernen können. Wenn das passiert ist, wird dieses Erlebnis in Ruhe dort schlummern können, wo all die anderen Erfahrungen sind, mit denen Sie abgeschlossen haben.**

Wenn Sie die Submodalitäten nutzen und Ihre Empfindungen dadurch in eine Richtung lenken, die Ihnen angenehm ist, werden Sie erleben, wie sehr Sie selbst für Ihr Wohlbefinden und Ihre Entwicklung verantwortlich sein können.

Moments of Excellence sind die Höhepunkte unseres Lebens, die Highlights. Jene Zeiten, in denen wir im Vollbesitz unserer geistigen, seelischen und körperlichen Kräfte sind. Momente, in denen wir ganz besonders aufmerksam, glücklich, entspannt, liebevoll, erfolgreich, stark oder mutig sind.

Ein Grund, warum Menschen Probleme haben, ist nicht der, dass sie zu wenige Lösungsmöglichkeiten für ihre Probleme hätten, sondern vielmehr, dass sie zu wenig darüber wissen, wie man sich wirklich wohl fühlt, und sich zu wenig damit beschäftigen, wie man sich noch wohler fühlen könnte. Die vordergründigen Fragen, die Sie sich stellen müssen, sind »Wie will ich mich fühlen?« und »Will ich mich wirklich gut fühlen?«

Wir können nicht warten, bis draußen alles passt, wovon wir träumen. Wichtig ist, ob wir selbst bereit sind, etwas dazu zu tun, dass wir uns gut fühlen. Wichtig ist, sich allem voran in sich selbst und mit sich selbst grundlegend gut zu fühlen. Das ist es, was unsere sämtlichen Erfahrungen entscheidend beeinflusst. Wenn wir selbst uns gut fühlen, dann sind andere gerne in unserer Nähe, dann sind andere gerne mit uns zusammen, dann sind wir selbstbewusst und erfolgreich, und das steckt auch die anderen an. Wenn wir selbst unser bester Freund sind, dann wächst unser persönlicher Power-State und damit unser persönlicher Erfolg Tag für Tag.

In einem Zustand des Wohlbefindens haben wir mehr Ressourcen, sodass wir den Herausforderungen des Lebens besser begegnen können. Je schlechter unser Zustand ist und je gestresster wir sind, desto schwächer sind wir mental, seelisch und körperlich. Um so wichtiger ist es, dass wir die Elemente, die unsere Vergangenheit und unser Mensch-Sein ausmachen, so arrangieren und so betrachten, dass wir die schlechten Erfahrungen nicht löschen, sondern sie dort hintun, wo wir sie sehen können und wo wir das Gelernte bewahren können. Warum? Damit uns dasselbe nicht noch einmal passiert. Damit wir so viele Menschen wie möglich davor bewahren können. Damit wir im Vollbesitz unserer geistigen, seelischen und körperlichen Kräfte sind, wenn wir dieser Welt begegnen.

Im Vorangegangenen konnten Sie erfahren, dass mit unseren Emotionen ein bestimmter neuro-physiologischer Zustand verbunden ist. Und dieser Zustand, wie er zu einem bestimmten Zeitpunkt, zu einem bestimmten Erlebnis war, ist eben die Ressource! Die Fähigkeit, diese Physiologie, diesen körperlichen Zustand wieder zu erlangen, das ist die Ressource. Das ist jene Kraft, in der Sie Ihr ganzes Potenzial ausschöpfen.

Ankern ist eine Möglichkeit im NLP, diese Ressource sehr rasch, quasi *nach Belieben*, hervorzurufen. Anker koppeln, ähnlich wie in der klassischen Konditionierung, einen Reiz mit einer bestimmten Reaktion. Sie wirken über unsere Sinnesorgane. Somit haben alle Sinnesorgane die Möglichkeit, einen bestimmten Reiz als Anker zu erkennen. Es gibt visuelle, auditive, kinästhetische, olfaktorische und gustatorische Anker.

Ankern ist ein Phänomen, das wir aus unseren alltäglichen Erfahrungen sehr gut kennen. Ein Beispiel: Wir sind unterwegs und hängen irgendwelchen Gedanken nach. Plötzlich kommen wir irgendwo vorbei, sehen jemanden, hören vielleicht eine Melodie, und werden dadurch an längst vergangene Zeiten erinnert. Auf einmal sind wir mit unseren Gefühlen ganz woanders, und auch unsere Körperhaltung verändert sich.

Beim Ankern machen wir uns Gefühle, die Ressourcen für uns darstellen, die uns helfen können, andere Perspektiven zu gewinnen, gezielt abrufbar. Die Idee dabei ist, uns als menschliche Wesen wirklich zu emanzipieren, nicht mehr abhängig zu sein von den äußeren Reizen, indem wir unsere Erfahrungen selbst organisieren.

Lassen Sie uns das gleich anhand eines Highlights aus Ihrem Leben ausprobieren.

Experiment
1. *Noch bevor Sie beginnen, entscheiden Sie sich für eine bestimmte Art des Ankers sowie für einen geeigneten Ankerplatz. Wählen Sie zum Beispiel Ankern durch Druck, so suchen Sie sich dazu eine Stelle an Ihrem Körper aus, die Sie jederzeit unauffällig berühren können, wie zum Beispiel ein Ohrläppchen.*
2. *Erinnern Sie sich nun an drei verschiedene Situationen, in denen Sie besonders viel Kraft und Elan in sich gespürt haben, in denen Sie guten Zugang zu Ihren geistigen, emotionalen oder körperlichen Kräften hatten und in denen Sie in einer exzellenten Verfassung waren, z. B. als Sie sich geliebt fühlten, als Sie sich auf etwas sehr gefreut haben, als Sie eine Prüfung bestanden haben. Beginnen Sie mit einer der Situationen.*
3. *Erleben Sie diese Situation nun mit all Ihren Sinnen. Was genau haben Sie erlebt? Was sehen Sie? Sind Sie drinnen im Bild oder außerhalb des Bildes? Was hören Sie? Sind es Stimmen, Klänge oder Musik, die Sie hören? Was fühlen Sie in diesem Moment, und wo genau in Ihrem Körper spüren Sie dieses Gefühl? Gibt es da vielleicht einen bestimmten Geruch oder Geschmack? Lassen Sie sich genug Zeit, um diesen Zustand mit all seiner Kraft noch einmal in allen Einzelheiten zu erleben.*
4. *Kurz bevor Sie auf dem Höhepunkt Ihres Erlebens angekommen sind, ankern Sie diesen Ressourcezustand, indem Sie den gewählten Anker setzen (siehe Abbildung 7). Dieser Punkt ist kritisch! Sie müssen voll assoziiert sein in dieser vergangenen Erfahrung. Wenn Sie es nur halbherzig sind, wird auch der Anker nur halb wirken. Steigen Sie voll hinein!*
5. *Öffnen Sie dann die Augen, und tun Sie kurz etwas anderes, um sich wieder in einen neutralen Zustand zu bringen.*

6. Danach testen Sie durch Auslösen des Ankers den gewünschten Ressourcezustand. Je öfter Sie den Anker setzen, desto stärker wird seine Kraft. Üben Sie so lange, bis Sie den ausgewählten Zustand mit jeder Faser Ihres Körpers empfinden können.
7. Danach gehen Sie zurück zu Punkt 3. Machen Sie das gleiche für die zweite Situation und danach für die dritte. Danach haben Sie einen starken Ressourceanker aufgebaut. Drei Ihrer besten Momente sind darin zusammengefasst!
8. Überlegen Sie gleich, wo Sie diesen Ressourceanker in Zukunft brauchen könnten, sodass Sie sich jetzt schon darauf einstimmen können.

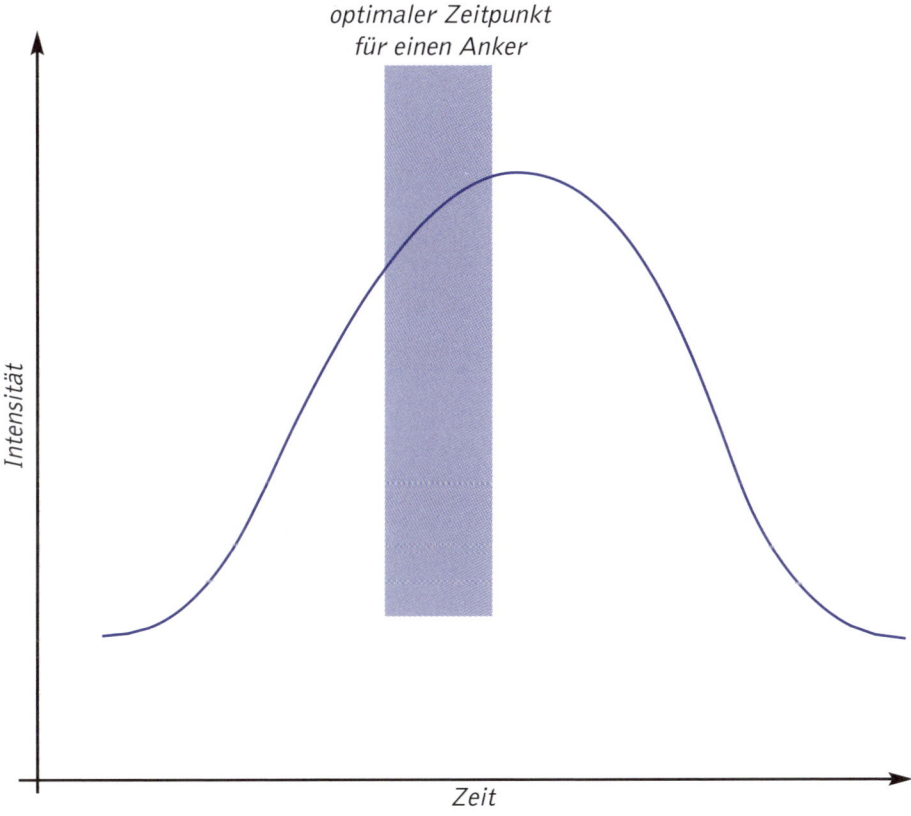

Abbildung 7: Anker-Kurve

→ **21. Praxistipp: Wenn Ihnen das nächste Mal etwas wirklich Großartiges passiert, nutzen Sie die Möglichkeit des Ankerns, um diese kraftvollen Gefühle wieder abrufbar zu machen. Beginnen Sie außerdem damit, geeignete Gefühle in anspruchsvolle Situationen mit Ankern hineinzuholen. Bedenken Sie dabei, dass ein guter Anker durch vier Faktoren bestimmt wird:**

1. **Intensität der Erfahrung: Je intensiver die Situation assoziiert wird, desto stärker und langanhaltender ist er.**
2. **Timing: Je präziser kurz vor dem Höhepunkt der Anker gesetzt wird, desto intensiver wird er.**
3. **Prägnanz des Reizes: Je prägnanter der Reiz ist, desto eindeutiger ist der Anker.**
4. **Wiederholung: Je öfter Sie den Anker setzen, desto stabiler wird er.**

Sie werden sehen, dass sich mit der Verwendung von Ankern Ihr Gesamtzustand, Ihre alltäglichen Erfahrungen und Ihre Reaktion auf berufliche Herausforderungen massiv verändern lassen.

Sie wissen jetzt, wie bedeutsam es ist, sich der richtigen Ressourcen zu bedienen. Dafür ist es notwendig, den Blick, den Fokus auf das Wesentliche zu lenken. Und das ist mitunter gar nicht so einfach. Ich lade Sie ein, ein Experiment zu machen.

Experiment
Schließen Sie die Augen, und fragen Sie sich: »Was ist alles grün, dort, wo ich mich gerade befinde?«
Weil es diese Frage, bevor Sie sie gestellt haben, noch nicht gegeben hat, werden die Antworten eher dürftig sein.
Schauen Sie sich jetzt bewusst um. – Es wird grüne Dinge geben.
Jetzt schließen Sie nochmals die Augen und fragen sich: »Was ist alles rot, dort, wo ich mich gerade befinde?«

Wir lernen daraus, dass die Qualität der Fragen, die wir uns stellen, die Qualität der Antworten bestimmt, die wir bekommen. Das klingt jetzt relativ simpel, ist aber ungemein entscheidend. Für den, der Fortschritte machen möchte, ist es wesentlich, die Fortschritte, die bereits gemacht wurden, im Auge zu behalten, damit diese erhalten bleiben. Auf den Fokus kommt es also an!

Der Fokus hat zu tun mit der richtigen Frage. Wenn wir fragen: »Mein Gott, **warum** ist der heutige Tag wieder so stressig?« »**Warum** ist dieser Kunde eigentlich so nervig?« »**Warum** bin ich da nicht selbst draufgekommen?«, haben wir nicht einmal die Chance auf eine richtige Antwort. Auf Warum-Fragen erhalten wir als Antwort meist Rechtfertigungen. Warum-Fragen werden meist als Anklage erlebt, und deshalb gehen die Menschen in die Defensive.

Wenn wir Fragen stellen, provozieren wir permanent Reaktionen aus unserem Unbewussten und richten es aus auf ein bestimmtes Ziel. *»Hm,* **warum** *gelingt das schon wieder nicht?«* Unser Unbewusstes ist immer bemüht, uns Antworten zu geben für die Fragen, die wir stellen. Es wird verzweifelt nach Antworten suchen. Es wird irgendwelche finden, aber die werden uns nicht helfen.

Wenn wir beginnen, andere Fragen zu stellen, werden wir auch die Chance haben, andere Antworten zu bekommen. So könnten Sie sich zum Beispiel fragen: »**Was** *habe ich noch nicht probiert?* **Was** *müsste ich noch tun, damit es gelingt?* **Wie** *könnte es gelingen?* **Wie** *könnte ich das Lösen dieses Problems noch mehr genießen als bisher?«*

Wenn wir Probleme lösen wollen, sind Wie-Fragen im allgemeinen wesentlich nützlicher als Warum-Fragen. Wie-Fragen decken die Struktur des Problems auf. Bei Warum-Fragen hingegen erhalten wir nur Gründe und Rechtfertigungen, ohne etwas zu verändern.

Je präziser wir fragen, desto präziser werden die Antworten sein, die wir erhalten. Und das ist bestimmend für unsere Modellbildung. Wir haben immer nur einen kleinen Teil von Informationen und bauen damit eine ganze Welt von Wirklichkeit, von der wir mit Sicherheit annehmen, dass es so ist. Wir können jedoch nie feststellen, ob ein Bild wahr ist oder nicht. Wir können immer nur Ideen mit Ideen vergleichen.

Schon Wittgenstein sagte: »Wir müssen die Bilder mit der Wirklichkeit vergleichen, bevor wir feststellen können, ob sie wahr sind oder nicht.«

Wittgenstein hat aber auch eine andere interessante Frage in den Raum gestellt, nämlich: »Was ist eine Frage?« Eine Antwort darauf ist: Unser Mensch-Sein ist die Frage schlechthin. Und die Art und Weise, wie wir uns Fragen stellen und wann wir uns welche Frage stellen, bestimmt unser In-der-Welt-Sein und unser Zugehen auf die Welt.

Eine Definition des Menschen ist in diesem Zusammenhang recht treffend. Sie ist von Antoine de Saint-Exupéry und besagt: »Der Mensch ist ein in die Welt geborenes Fragezeichen.« Und damit meinte er nicht manche schlampige Körperhaltung, sondern unsere angeborene Neugier. Wir gehen permanent als Frage durch die Welt. Das heißt, vierzig verschiedene Menschen haben vierzig verschiedene Fragen an ein und dieselbe Sache. Und das ist auch der Grund, warum wir vierzig verschiedene Antworten bekommen werden, wenn ein und dieselbe Sache passiert. Der Fokus ist nämlich jedes Mal ein anderer. Das gilt es einfach zu bedenken.

Sie wissen jetzt, das, was Sie zu sich selbst sagen und vor allem wie Sie es sagen, beeinflusst Ihren Gesamtzustand gleichermaßen, wie die Fragen, die Sie sich stellen, Ihren Gesamtzustand beeinflussen!

Deshalb sollten Sie sich jene Fragen stellen, die darauf fokussiert sind, was möglich ist und was Sie wirklich wollen. Fragen wie: »Was kann ich tun, damit das heute ein wirklich erfolgreicher Tag wird für mich?« – »Was kann ich unternehmen, damit unser Kunde mit unserem Produkt rundum zufrieden ist?« – »Was kann ich selbst dazu beitragen, damit diese Verhandlung zu einem guten Abschluss kommt?«

Die Fragen, die wir uns stellen, führen uns in eine bestimmte Richtung. Wir können uns kraftlos oder energiegeladen fühlen, niedergeschlagen oder motiviert, schlecht oder gut. Die entscheidende Frage ist also, ist das Glas halb leer oder halb voll? Wir sollten unsere Gedanken darauf konzentrieren, was bereits da ist, anstatt darauf, was fehlt. Wir sollten unseren Fokus dorthin lenken, wo etwas funktioniert und gelingt. Wir sollten uns zur richtigen Zeit die richtigen Fragen stellen. Und genau dazu möchte ich Sie jetzt einladen.

Experiment

Worüber in Ihrem Leben sind Sie glücklich? Worauf in Ihrem Leben sind Sie stolz? Wofür in Ihrem Leben sind Sie dankbar? Wofür in Ihrem Leben können Sie sich begeistern? Was in Ihrem Leben finden Sie aufregend und spannend? Wofür in Ihrem Leben stehen Sie ein? Wen lieben Sie, und von wem werden Sie geliebt? Was ist zu tun, und was davon möchten Sie heute tun?

Beginnen Sie Ihren Tag mit diesen »Morgenfragen« und achten Sie darauf, wie sich die Antworten für Sie anfühlen. Stellen Sie bei jeder Antwort fest: Was sehen Sie? Was hören Sie? Was fühlen Sie, wenn Sie daran denken?

Am Abend hingegen könnten Sie sich die folgenden Fragen stellen und damit einen erfolgreichen Tag würdig ausklingen lassen:

Was habe ich heute alles getan? Was habe ich heute für mich, für mein Leben getan? Welchen Beitrag habe ich für andere geleistet? Was habe ich heute gelernt?

→ **22. Praxistipp: Wenn Sie sich das nächste Mal dabei ertappen, »Warum-Fragen« zu stellen, nutzen Sie Ihre Aufmerksamkeit, um kreativ und flexibel neue Fragen zu überlegen. Und stellen Sie sich diese dann auch mit Nachdruck!**

Während Sie beginnen, andere Fragen zu stellen, werden Sie erleben, wie sich dadurch Ihr Denken, Ihre ganze Denkrichtung verändert.

Wie die Fragen, die wir uns stellen, mit unserer Landkarte zu tun haben, so haben auch die Wörter, die wir verwenden, mit unserer Landkarte zu tun. Unser Vokabular ist ein Abbild von unserem Modell der Welt. Wenn Sie als guter Kommunikator beginnen, Ihren Fokus auf die Sprache Ihres Gesprächspartners zu lenken, auf das Vokabular, das Ihr Gegenüber verwendet, werden Sie bald feststellen können, dass seine Sprache mit seiner Landkarte zu tun hat. Hören Sie genau auf die Sprache der Menschen, und nehmen Sie das, was sie sagen, wörtlich.

Sprache ist die Codierung unserer Landkarte. Und die Vokabeln, die wir verwenden, geben Aufschluss darüber, wie wir Erlebnisse, die wir haben, bewerten. Es ist niemals so, dass uns die Tatsachen an sich behindern oder einschränken. Es ist immer die Art und Weise, wie wir die Dinge be-deuten, welches Etikett wir darauf kleben und was wir daraus machen. Sprache ist ein Prozess, dem wir permanent, Tag für Tag ausgesetzt sind.

Sprache ist ein wichtiges Instrument, um das Modell unserer Welt aufzubrechen und uns zu neuen Möglichkeiten zu führen. Wenn wir unser Vokabular verändern, verändern wir auch unsere Landkarte.

Experiment

Im Folgenden finden Sie unterschiedliche Beispiele für schwache und intensive Ausdrücke. Lassen Sie diese Ausdrücke auf sich wirken, und ergänzen Sie die Tabelle um zehn weitere Beispiele aus Ihren alltäglichen Erfahrungen.

schwacher Ausdruck	intensiver Ausdruck
hellwach	in den Startlöchern
Glück haben	vom Schicksal begünstigt sein
Fortschritte machen vorankommen	mit Lichtgeschwindigkeit
froh	im siebten Himmel
sich gut fühlen	in absoluter Höchstform sein
schnell	wie der Blitz
gut	außergewöhnlich
interessant	fesselnd
interessiert	in den Bann geschlagen
mögen	ein Faible haben

Ergänzen Sie jetzt zehn weitere Beispiele aus Ihren Erfahrungen:

Ganz schön interessant, die Suche nach Wörtern, die voll ins Schwarze treffen, oder? Es macht Sinn, sich von Zeit zu Zeit darüber Gedanken zu machen. Es ist wichtig, dass wir mehr auf unsere Sprache achten. Wir können wirkliche Begeisterung in unsere Sprache legen, um selbst Ursache für Enthusiasmus zu sein.

➜ **23. Praxistipp: Ehe Sie das nächste Mal wieder zu eher »schwachen« Ausdrücken greifen, besinnen Sie sich auf das vorangegangene Experiment, und suchen Sie spontan nach starken und einer Situation wirklich angemessenen Ausdrücken.**

Allein durch den Gebrauch anderer Ausdrücke werden Sie erfahren, dass das Vokabular, das wir verwenden, für uns als professionelle Kommunikatoren von ungeheurer Bedeutung ist. Sie werden Ihre Wirkung auf andere Menschen positiv verändern, weil Ihr Gegenüber Ihren Enthusiasmus wirklich »hören« wird; der Funke wird überspringen.

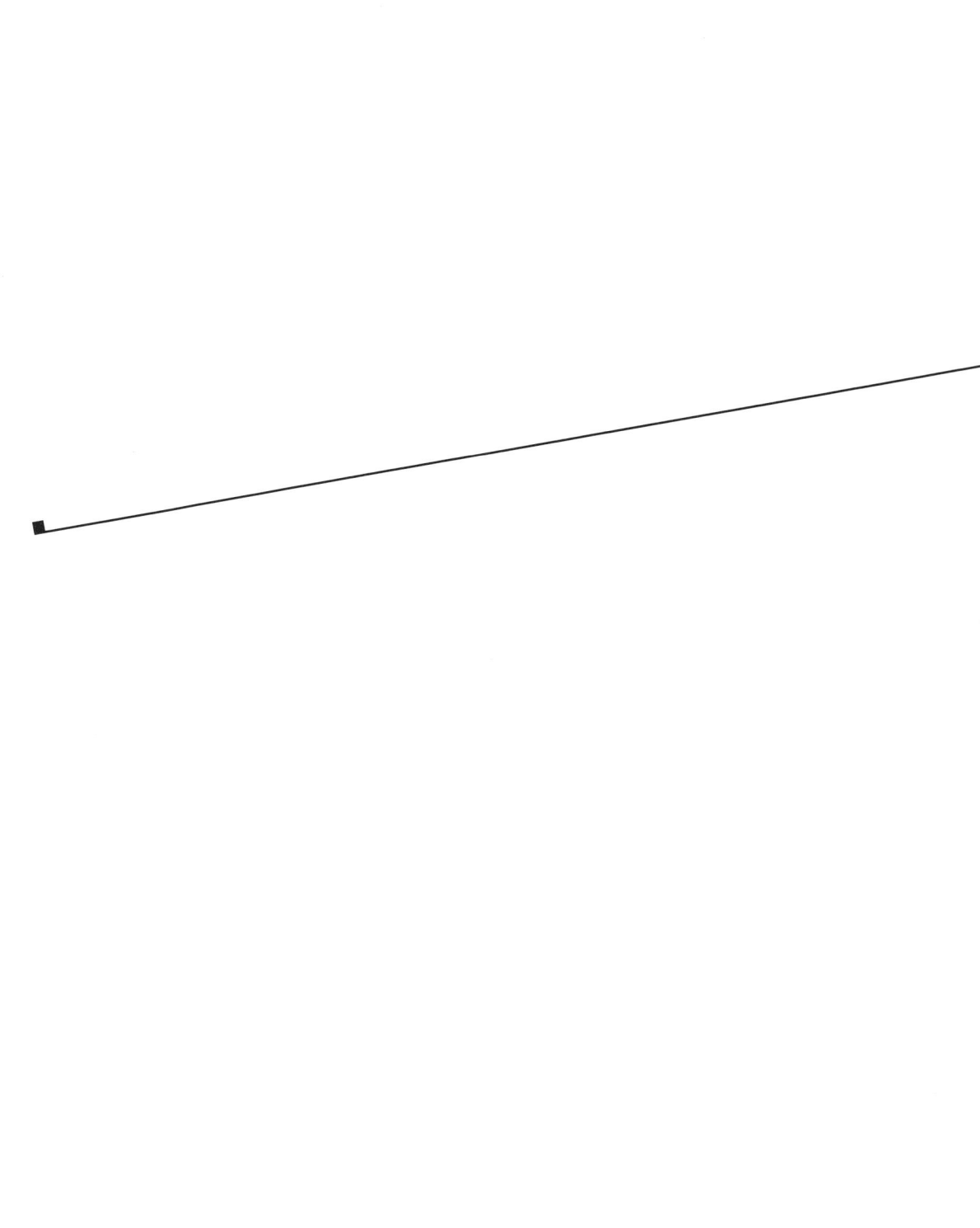

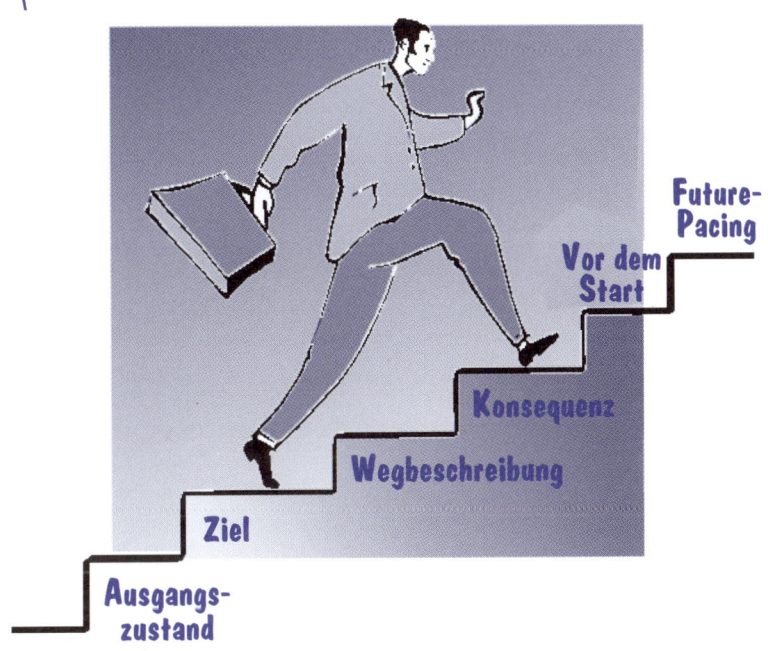

Wir wissen jetzt, was erfolgreiche Menschen gemeinsam haben. Wir wissen jetzt um die Struktur des Handelns. Wir kennen die sechs Weisheiten für ein erfülltes Leben. Wir wissen auch, wie essentiell Emotionen sind und wie wir sie beeinflussen können. Hiermit sind wir bereit, Ziele anzugehen.

Unser Handeln wird von Zielen geleitet. So lange wir jedoch nicht wissen, wie diese aussehen, so lange wir nicht wissen, wie wir sie erreichen, ist es schwer, erfolgreich zu sein. Ob wir uns Ziele stecken oder nicht, wir erhalten immer Ergebnisse. Aber sind es auch diejenigen, die wir wollen? Wenn nicht, dann ist es an der Zeit, zielorientiert zu denken.

In Kommunikationssituationen können wir zwei grundlegende Positionen unterscheiden: Die eine Position sind wir und das, was wir selber wollen: Wir nennen das die erste Position.

Herauszufinden, was wir wollen, ist mitunter gar nicht so einfach. Oberflächlich glauben wir oft zu wissen, was wir wollen, oder auch, was wir nicht wollen. Doch aus irgendwelchen Gründen funktioniert die Umsetzung oft nicht. – Wie oft haben Sie sich schon vorgenommen, regelmäßig Sport zu machen? Haben Sie sich schon je vorgenommen, auch während Sie arbeiten, gesund zu essen? Wollten Sie schon immer neben Ihrem Beruf auch Ihrer Familie und Ihren Freunden genug Zeit einräumen? Denken Sie nicht auch manchmal, Sie sollten wieder einmal etwas für sich selbst tun? Und fragen Sie sich jetzt auch, was aus all dem geworden ist?

Auf der einen Seite haben wir ein Ziel. Auf der anderen Seite dürfte es aber noch etwas geben. Es dürfte andere Ziele, andere Wünsche geben, die dazu führen, dass etwas, was wir zu tun beabsichtigen, dann doch nicht in diesem Verhalten mündet. Zuerst einmal müssen wir uns also damit beschäftigen, was wir wollen.

Die andere Position ist mein Gegenüber, die zweite Position. Es geht darum herauszufinden, was der andere, mein Gesprächspartner, mein Vertragspartner, mein Kunde möchte.

Nur wenn uns diese beiden Dinge wirklich gelungen sind, ist es möglich, herauszufinden, wo sich diese beiden Bereiche überschneiden. Dann erst ist es möglich, exzellent zu kommunizieren.

Im Folgenden werden wir uns mit Zielen beschäftigen. Das Zielmodell im NLP ist eine Möglichkeit, über Ziele in einer ganz bestimmten Art und Weise nachzudenken. Ziele sind wichtig, damit es uns nicht so geht wie dem Mann, der vor den vielen Tafeln steht, die alle in verschiedene Richtungen zeigen, und der nicht weiß, wohin er gehen soll, weil auf allen Wegweisern »Ziel« steht.

Abbildung 8: Mann vor Ziel-Tafeln

Wir bewegen uns permanent irgendwo hin, die ganze Zeit über. Wir bewegen uns auf etwas zu, von etwas weg, und dabei haben wir Ziele. Bewusste Ziele oder unbewusste. Unsere eigenen oder Ziele, von denen andere erwarten, dass wir sie erreichen.

Klare Ziele sind jedoch das Geheimnis Ihrer Arbeit, der Schlüssel zu Ihrer Zufriedenheit, das Tor zu Ihrem Erfolg. Wenn Sie sich auf Ihre persönlichen Ziele konzentrieren, beeinflusst das Ihren Fokus, und Ihr Unbewusstes wird Sie dort hinführen. Das, was Sie wollen, wird Sie magisch anziehen und zu mehr Lebensfreude, mehr Spaß und mehr Erfolg führen.

Am Anfang jeder Zielbildung steht der Ausgangszustand. Diesen Ausgangspunkt festzulegen ist deshalb so bedeutsam, damit es Ihnen nicht so geht wie jenem Manager, der an einen entlegenen Ort in Süd-Ost-Asien reisen muss, um dort ein wichtiges Forschungsprojekt zu starten. Er wird dafür mit einem Privatflugzeug eingeflogen, weil dieser Auftrag für das Unternehmen von enormer Wichtigkeit ist. So wichtig, dass man sogar einen eigenen Landeplatz gebaut hat. Der Mann, der mitten im Busch landet, besitzt zum Glück eine detaillierte Landkarte des Gebiets. Trotzdem ist die Karte für ihn wertlos – auf der Karte ist nicht eingezeichnet, wo genau er gelandet ist! Er weiß nur, was und wo sein Ziel ist, die Ausgangssituation ist jedoch unklar. Der Weg aber gestaltet sich in Bezug auf unser Ziel. Deshalb ist die Bestimmung des Ausgangspunktes von enormer Bedeutung.

Am Anfang der Zielbildung steht die Definition: Wo stehe ich heute? Was ist hier und jetzt mein Ausgangspunkt? Was ist der Status quo? Am Anfang ist es entscheidend, sich darüber klar zu werden, wie eine bestimmte Situation, eine bestimmte Eigenschaft oder ein bestimmtes Verhalten derzeit aussieht.

Daraus folgt dann die nächste, ganz wesentliche Frage: Was möchten Sie verändern? Was ist jetzt noch nicht so, wie Sie es möchten?

Und von Zeit zu Zeit kann man auch folgende Fragen stellen: »Sind die Ziele, die ich verfolge, wirklich meine eigenen? Sind die Ziele, die ich verfolge, solche, die andere von mir erwarten und die ich eigentlich gar nicht mehr meine?«

Nehmen Sie auf dem folgenden Übungsblatt den ersten Schritt einer Zielbildung vor, und beantworten Sie einige dieser Fragen in Bezug auf das Ziel, das Sie sich wünschen:

Gegenwärtiger Zustand: »Der Ausgangspunkt«

Ehe Sie Ihr nächstes Ziel angehen, halten Sie kurz inne, und bestimmen Sie Ihren Ausgangspunkt. Schauen Sie sich genau an, wo Ihr Weg beginnt und worum es bei Ihrem Ziel geht.

Was ist Ihr Status quo? Wie ist Ihre Ausgangssituation, die Eigenschaft oder das Verhalten? Was möchten Sie verändern?

Wenn Sie diesen ersten Schritt durchgeführt haben, werden Sie eindeutig wissen, wo Sie sich befinden und was Sie verändern möchten.

Der nächste Schritt in diesem Zielmodell ist der Wunsch, das Ergebnis, der Zielzustand. Die grundlegende Frage ist: Was möchten Sie? Wie möchten Sie sich fühlen angesichts dieser Gegenwart?

Die Orientierung auf das, was wir wollen, geht uns manchmal verloren in dem Bemühen, all die Dinge zu vermeiden, die wir nicht wollen. Dazu gehören Aussagen wie »Wir dürfen nicht nachlassen.« »Wir dürfen uns von der Konkurrenzfirma auf keinen Fall in die Enge treiben lassen.« »Wir dürfen den Termin nicht überziehen.« »Wir dürfen unseren Kunden gegenüber nicht so abweisend sein.«

Wir versuchen so oft und so lange, etwas zu vermeiden, bis wir vergessen, dorthin zu sehen, wo es eigentlich langgeht und wo wir eigentlich hinwollen. Doch wenn wir auf eine solche Art und Weise denken, konzentrieren wir uns genau auf das, was wir nicht wollen. Und was, glauben Sie, passiert dann? Um *nicht* an etwas zu denken, müssen Sie genau daran denken, damit Sie wissen, woran Sie nicht denken dürfen ...

Ein sinnvolles inneres Management heißt, die innere Stimme, die innere Vorstellung auf das zu fokussieren, was Sie wollen. Kehren Sie Ihre negativen Ziele also um, und fragen Sie sich: »Was möchte ich statt dessen? – Ich will nicht mehr so gestresst sein!« »Und was hätte ich gerne? – Na ja, keinen Stress!« »Und sonst, was möchte ich statt dessen?« Genau darum geht es. Sie brauchen ein positiv formuliertes Ziel, einen konkreten Wunsch.

Stellen Sie sich Folgendes vor: Wie sehen Sie aus, wenn Sie Ihr innerstes Ziel erreicht haben? Wie klingt Ihre Stimme? Wie agieren Sie? Wie reagieren Sie? Wie fühlen Sie sich? Was denken Sie über den Beruf, den Sie ausüben? Überlegen Sie auch, was Ihre Gesprächspartner, Ihre Mitarbeiter, Ihre Kunden sehen, wenn Sie Ihre Ziele leben. Welches Image transportieren Sie nach außen?

Bestimmen Sie Ihr Ziel so spezifisch wie möglich, beschreiben Sie es in allen Einzelheiten, und gestalten Sie es wie eine Fotografie. Das heißt:

- Ihr Wunsch sollte realistisch sein. Sie sollten sich die Frage stellen: »Kann ich das wirklich erreichen? Oder ist das alles ein Traum?« Wichtig ist auch die Frage: »Liegt es in meinem Handlungsspielraum?«

- Ihr Wunsch sollte immer positiv formuliert sein. Es sollte konkret definiert sein, was Sie erreichen wollen. Wir können zwar »nein« sagen, aber wir können nicht »nein« denken. Wenn Sie daran denken, nicht an einen rosa Elefanten zu denken, haben Sie es auch schon getan!

- Weil Ihr Ziel ganz konkret sein sollte, ist jede Form der Steigerung und jeder Vergleich mit anderen Personen zu vermeiden.

- Ihr Ziel sollte enthalten, wo, wann und mit wem Sie etwas erreichen wollen. Ihr Wunsch soll in den richtigen Kontext gebracht sein. Setzen Sie sich ein möglichst konkretes Datum für das Erreichen Ihres Zieles. Setzen Sie sich kurz-, mittel- und langfristige Ziele.

- Darüber hinaus sollte das Ziel sinn-voll sein, das heißt, Sie sollten mit Ihren Sinnen die Erreichung Ihres Wunschzustandes überprüfen können. »Was sind meine Kriterien?« »Woran werde ich erkennen, dass ich mein Ziel erreicht habe?« Überlegen Sie: Ist es etwas, das Sie sehen oder innerlich hören können? Ist es ein bestimmtes Gefühl? Ist es etwas, das Sie vielleicht in Ihren Händen halten können? Oder sind es Zahlen auf Ihrem Kontoauszug? Es ist notwendig, dass Sie wissen, woran Sie Ihr Ziel erkennen. Sonst werden Sie Ihr Ziel erreichen und es gar nicht bemerken. Sie würden bereits auf Ihr nächstes Ziel zusteuern, ohne sich wirklich daran zu erfreuen, was Sie bereits erreicht haben. Und das ist auf Dauer sehr energieraubend. Also werden Sie sich dessen bewusst, woran Sie ganz konkret erkennen können, dass Sie Ihr Ziel erreicht haben.

Gestalten Sie nun auf dem nachfolgenden Übungsblatt Ihr Ziel.

Zielzustand: »Der Wunsch«

Der Zielzustand sollte

a) realistisch sein, das heißt, das Ziel muss sich innerhalb Ihres Handlungsspielraums befinden;

b) positiv formuliert sein, denn wir können zwar »nein« sagen, aber nicht »nein« denken;

c) konkret formuliert sein, das heißt: Vermeiden Sie Steigerung (»ich möchte entscheidungsfreudiger werden«)

d) und Vergleich mit anderen Personen (»ich möchte so sein wie ...«);

e) kontextualisiert sein: Wo, wann, mit wem möchten Sie Ihr Ziel erreichen?

f) »sinn-voll« sein, das heißt, Sie müssen mit Ihren Sinnen die Erreichung des Zieles wahrnehmen können;

g) Was sind Ihre Kriterien? Woran werden Sie erkennen, dass Sie das Ziel erreicht haben?

Wenn Sie diese Zielbildung so konkret wie möglich machen, werden Sie sofort sehen, hören und spüren, wie Sie sich in Hinblick auf Ihr Ziel verändern. Genießen Sie diese Veränderung, bevor wir weitergehen.

Nun geht es darum, das Verhalten zu definieren, das Sie Ihrem Zielzustand näherbringt. Für diesen Schritt lässt sich sagen: »Der Weg ist das eigentliche Ziel.« Erinnern Sie sich an das Handlungsmodell, bei dem es ebenfalls darum ging, regelmäßig zu überprüfen, ob Sie mit Ihrem Tun noch auf dem richtigen Weg sind.

Unterteilen Sie jedes Ihrer Ziele in Teilziele, damit Sie einen relativ kurzen Feedback-Bogen haben. So können Sie permanent überprüfen, ob Sie noch auf dem richtigen Weg sind. Stellen Sie sich regelmäßig die Frage: »Befinde ich mich im Hinblick auf mein Ziel noch auf dem richtigen Weg, oder gibt es bereits Abweichungen?« Dieser Feedback-Bogen ist notwendig, um rasch reagieren zu können und um Sie wieder auf den Weg des Erfolgs zu bringen.

Eine weitere entscheidende Frage ist: »Wodurch könnten Sie schon das Beschreiten des Weges genießen?« Weil unser Unbewusstes gerne Dinge macht, die Spaß machen und die wir als lustvoll erleben, lohnt es sich, sich darüber Gedanken zu machen, wie wir es uns bereits auf dem Weg zu unserem Ziel gutgehen lassen und wie wir auch noch Spaß dabei haben können. Rufen Sie sich bunte Bilder, helle Töne, rhythmische Musik, intensive Gefühle herbei, nehmen Sie eine entspannte Körperhaltung ein, rufen Sie sich eine unterstützende innere Stimme zu Hilfe. Sie selbst sind es, der darüber entscheidet, wie Sie sich fühlen möchten auf dem Weg zu Ihrem Ziel.

Die dritte und letzte Frage lautet: »Woran werden ich schon in den nächsten Minuten erkennen, dass ich mich auf dem Weg befinde?« Woran können Sie erkennen, dass Sie Ihr Ziel auch wirklich erreichen werden? Was ist es, das Ihnen zeigt, dass Sie schon auf dem Weg sind?

Füllen Sie das nachfolgende Übungsblatt aus, und beschreiben Sie den Weg zu Ihrem persönlichen Ziel.

Zielverhalten: »Die Wegbeschreibung«

»Der Weg ist das (eigentliche) Ziel.«

Definieren Sie nun das angemessene Zielverhalten, das Sie dem oben genannten Zielzustand näher bringt.

Sie schaffen damit einen kurzen Feedback-Bogen! Das heißt, Sie wissen, wann Sie sich auf Kurs befinden.

a) Woran werden Sie laufend überprüfen können, ob Sie weiter »auf Kurs« sind?

b) Wodurch könnten Sie schon das Gehen des Weges genießen?

c) Woran werden Sie schon in den nächsten Minuten erkennen können, dass Sie auf dem Weg sind?

Die Antworten hier sollten ebenfalls den Kriterien einer wohlgeformten Zielbildung entsprechen.

Sie wissen nun ganz konkret, woran Sie erkennen können, dass Sie sich auf dem Weg befinden. Die ständige Überprüfung der Kriterien wird Ihnen zu einem hervorragenden Gefühl verhelfen und Ihre Freude an der Erreichung des Zieles verstärken.

Der vierte Schritt in unserem Zielmodell ist die Frage nach den Konsequenzen: »Was ist das Gute am alten Zustand?« »Was ist gut am gegenwärtigen Zustand?« »Was gefällt mir daran, wie es jetzt ist?« Diese Fragen sind deshalb so wichtig, weil der Zustand, in dem Sie sich jetzt befinden, für Sie auch gute Seiten haben muss, sonst wären Sie jetzt nicht hier.

Dann stellen Sie sich die nächste Frage: »Was kann möglicherweise am neuen Zustand schlecht sein?« Es empfiehlt sich, sich auch darüber Gedanken zu machen, was denn schlecht am neuen Zustand oder am neuen Gefühl sein könnte. Denn der entscheidende Punkt dabei ist, dass es Ihnen gelingen muss, das Gute des jetzigen Zustandes in das Schlechte des Zielzustandes überzuführen. Wenn Ihnen das nicht gelingt, dann wird Ihre Motivation, dort hinzugelangen, nicht sehr groß sein. Überprüfen Sie also: »Was könnte mich daran hindern, mein klar gestecktes Ziel zu erreichen?« »Gibt es irgendwelche Bedingungen, unter denen ich mein Ziel nicht erreichen will?«

Erfolgreiche Menschen sind meist solche, die es wagen, über ihre eigene Grenzen zu gehen, Menschen, die den Mut haben, etwas Neues anzugehen, auch wenn es mit Risiko behaftet ist. Sie können sich also auch fragen: »Was kann im schlimmsten Fall passieren? Bin ich bereit, damit umzugehen?« Wenn Sie ein eindeutiges Ja als Antwort erhalten, dann nichts wie los. Wenn Sie innerlich zweifeln oder gar ein Nein spüren, dann überdenken Sie Ihr Ziel. Bedenken Sie auch, dass intensive Erfolgs- und Glücksgefühle durch die Überwindung von inneren Barrieren und Grenzen entstehen. Darum ist es so zentral, dass Sie selbst daran glauben, das zu erreichen, was Sie wollen.

Wenn Sie einige Möglichkeiten sehen, wenn Sie Ideen dazu haben, von hier weg in diesen neuen Zustand zu gehen, werden Sie trotz der Dinge, die Ihnen dort möglicherweise nicht so gefallen, motiviert sein, dorthin zu gehen. Und Sie werden mit diesem Schlechten eher umgehen können, wenn Sie sich darauf einstellen. Ansonsten bewegen Sie sich irgendwo hin. Wenn Sie im Zielzustand sind, kommen Sie dann darauf, dass dieser eigentlich nur eine andere Realität ist und vieles, was Sie sich erträumt haben, gar nicht stattfindet. Und genau das soll durch diesen Schritt vermieden werden. Wenn Sie nur das Ziel ansteuern und nicht wahrnehmen, welche Hindernisse, Herausforderungen und Probleme Ihnen auf dem Weg dorthin begegnen, wenn Sie nur das Ziel vor Augen haben und sich nicht damit auseinandersetzen, welche Konsequenzen oder inneren Einwände Ihr Ziel für Sie selbst, aber auch für andere Menschen, die Ihnen wichtig sind, nach sich ziehen könnte, kann es sein, dass Sie für heikle Situationen, die auftauchen können, nicht gewappnet sind.

Es ist an dieser Stelle also sehr bedeutsam, über die Konsequenzen für Sie selbst und Ihre Umgebung nachzudenken. So können Sie diese gleich an das Ziel koppeln, und so finden Sie auch in Phasen des Zweifelns die richtigen Antworten. Um diese starke Zielorientierung noch weiter zu unterstützen, können Sie sich zum Abschluss die Frage stellen: »Wofür wird das Neue ein Anfang sein?« Unser Unbewusstes liebt Anfänge und bewegt sich gerne auf solche zu. Und genau das wollen wir bei Zielen.

Nehmen Sie sich nun wieder einige Zeit, um für Ihr eigenes Ziel die nachfolgenden Fragen auf dem Übungsblatt zu beantworten.

Ökologie: »Die Konsequenzen«

Ihr Weg zum Ziel und die Erreichung Ihres Wunsches wird für Sie und Ihre Umgebung Konsequenzen haben. Veränderung passiert nur dann wirklich, wenn Sie mit diesen Auswirkungen einverstanden sind bzw. glauben, die unerwünschten Auswirkungen bewältigen zu können.

Fragen für den »Ökologie-Check«:

a) Was war das Gute am alten Zustand oder Verhalten oder Gefühl? Wovon verabschiede ich mich?

b) Was ist das Schlechte am neuen Zustand oder Verhalten oder Gefühl? Was nehme ich in Kauf?

c) Wofür wird das Neue ein Anfang sein?

Wenn Sie sich dabei gleich vorstellen, wie Sie das Gute des alten Zustandes in den Zielzustand mitnehmen, und dabei ein bis drei konkrete Ideen entwickeln, werden Sie für alle Konsequenzen gewappnet sein.

Es scheint für uns Menschen eine Herausforderung zu sein, das, was wir schon kennen, zurückzulassen und etwas Neues anzugehen, das wir noch nicht so gut kennen. Wir sind auch sehr häufig bereit, ein Übel, das wir schon kennen, zu behalten, statt uns auf etwas einzulassen, von dem wir noch nicht wissen, was oder wie es sein wird, auch wenn es durchaus eine Verbesserung sein könnte. Deshalb werden in einem nächsten Schritt vor dem Start noch einmal alle notwendigen Voraussetzungen zur Zielerreichung abgeklärt.

Am Anfang steht die Frage: »Was ist das Schlechte am alten Zustand?« Die Antworten auf diese Fragen werden uns vor allem darüber Auskunft geben, wovon wir uns durch unser neues Ziel wegbewegen möchten. Weil wir darüber meist sehr ausführlich Bescheid wissen, sollten Sie sich sehr rasch der nächsten Frage zuwenden, nämlich: »Was ist das Gute am neuen Zustand, an der neuen Situation, an der neuen Eigenschaft, am neuen Verhalten?« Dieser Punkt ist sehr entscheidend, weil Sie von hier weg erst bereit sind, all Ihre Kräfte zu mobilisieren, um Ihr Ziel zu erreichen. Also nutzen Sie Ihre Kreativität und entwickeln Sie Ideen dazu, was das Gute an Ihrem Zielzustand ist. Durch Veränderung der Submodalitäten können Sie Ihre Antworten innerlich noch anziehender und noch schmackhafter machen, denn dieser Teil ist es, der Sie zum Handeln motiviert!

Die nächsten beiden Punkte beschäftigen sich mit den Ressourcen, die Sie jetzt schon haben. Aber auch mit Ressourcen, die Sie zur Zielerreichung noch benötigen.

Folgende Fragen sollten Sie sich in diesem Zusammenhang stellen: »Welche Ressourcen habe ich jetzt schon?« »Welche Ressourcen brauche ich noch, und wie werde ich diese beschaffen?« »Welche Fertigkeiten und Fähigkeiten habe ich schon?« »Was könnte ich noch gebrauchen? Und auf welche Art und Weise kann ich das erlangen?«

Unter Ressourcen verstehen wir all das, was uns bei unserer Zielerreichung unterstützen kann. Es handelt sich dabei einerseits um Qualitäten, um Fähigkeiten und Fertigkeiten, um persönliche Eigenschaften, die uns auszeichnen, wie zum Beispiel Kommunikationsbereitschaft, Verhandlungsgeschick, Verständnis, aber auch Ausbildung, Erfahrung, Know-how und vieles mehr. Auch andere Menschen und Kontakte können eine Ressource für uns darstellen, also Personen, die uns bei der Erreichung unseres Zieles persönlich unterstützen können, aber auch Leute, die davon fest überzeugt sind, dass wir unser Ziel erreichen.

Die dritte Art von Ressourcen ist materieller Natur und meint finanzielle Mittel, den Besitz eines Autos, unsere private Computeranlage zu Hause oder gewisse Bücher.

Das, was uns wirklich stark motivieren kann, ist das, was wir gerne tun und wozu wir auch die notwendigen Fähigkeiten haben. Wir erbringen dann fast wie von selbst Spitzenleistungen, und all das, was wir uns wünschen, fließt regelrecht in unser Leben.

Beschäftigen Sie sich im folgenden Übungsblatt ausführlich mit Ihren Talenten und Fähigkeiten, und lassen Sie diese gleich in Ihre Zielvorstellung mit einfließen.

Vor dem Start: »Im Starthaus«

Klären Sie nochmals alle Voraussetzungen für eine gute Zielerreichung:

a) Was war das Schlechte am alten Zustand, Verhalten oder Gefühl?

b) Was ist das Gute am neuem Zustand, Verhalten oder Gefühl?

c) Ressourcen 1: Welche Ressourcen haben Sie jetzt schon?

d) Ressourcen 2: Welche Ressourcen brauchen Sie noch, und wie werden Sie diese beschaffen?

Die Fülle an Fähigkeiten und Fertigkeiten, die Sie notiert haben, wird Sie dahingehend unterstützen, kurz vor dem Start eine kräftige Bestätigung für Ihr Ziel zu erhalten.

Drei Freunde gehen jedes Jahr in Kanada auf Elchjagd. Sie lassen sich mit einem Wasserflugzeug in ein Tal bringen, das ideal ist für die Elchjagd, schwärmen dann aus, jagen jeder einen Elch und lassen sich zwei Tage später wieder vom Wasserflugzeug abholen.

Wieder einmal kehren die drei Freunde erfolgreich von der Elchjagd zurück zum Treffpunkt und beginnen, die Elche im Flugzeug zu verstauen: Einen Elch packen sie in den Gepäckraum, den zweiten Elch binden sie an den rechten und den dritten Elch an den linken Schwimmer. Der Pilot schaut sich das an und sagt: »Meine Herren, so geht das nicht. So kommen wir aus dem Tal hier nie hinaus. Wir müssen einen Elch zurücklassen . Ich kann nicht Sie *und* die Elche transportieren.«

Darauf einer der Männer: »Erzählen Sie uns nichts, wir machen das seit zehn Jahren so! Immer wir drei, immer mit drei Elchen, immer dasselbe Tal, immer dasselbe Flugzeug, nur der Pilot ist diesmal ein anderer.«

Mit dieser Aussage fühlt sich der Pilot in seiner Ehre getroffen und sagt: »Na gut, dann probieren wir es eben!«

Er packt das Flugzeug voll, startet den Motor, fährt ganz ans Ende des Sees, lässt den Motor auf Hochtouren laufen, zischt über den See, zieht sogar hinweg über die ersten Baumwipfel – da verfängt sich einer der Schwimmer. Die Maschine stürzt ab, und alle fallen aus dem Flugzeug. Langsam rappelt sich einer der Jäger hoch und ruft: »Hallo, Peter, wo sind wir eigentlich?« Dieser blickt sich um und sagt: »Ich glaube, 50 Meter weiter als letztes Jahr!«

Unser Ziel kann es niemals sein, zu scheitern oder besser zu scheitern. Unser Ziel wird es immer sein, die Dinge zu erreichen, die wir uns als lohnende Ziele gesetzt haben. Auch wenn wir im Prozess des Erreichens permanent scheitern, ist es wichtig, das Ziel stets im Auge zu behalten. Deshalb gibt es zum Abschluss noch zwei Fragen, die sich mit den Korrekturmaßnahmen beschäftigen, sollten Sie von Ihrem Weg abkommen, nämlich: »Was werde ich tun, um auf dem Weg zu bleiben?« und »Was werde ich tun, um meinen Weg wiederzufinden?«

Wenn Sie ein Ziel vor Augen haben, sollten Sie dieses von Zeit zu Zeit überprüfen. Schauen Sie sich dabei an, welche Fortschritte Sie in Hinblick auf Ihr Ziel machen, und seien Sie auch bereit, Korrekturmaßnahmen, Kursänderungen vorzunehmen.

Tun Sie das jetzt mit Ihrem eigenen Ziel:

Future-Pacing: »Die Aufwärmrunde«

Stellen Sie sich die ersten drei Gegebenheiten vor, bei denen Sie bemerken werden, dass Sie »auf Kurs« sind!

a) Was werden Sie tun, um sich auf Kurs zu halten?

b) Was werden Sie gegebenenfalls tun, um sich wieder auf Kurs zu bringen?

Wir Menschen bewegen uns auf unsere kognitiven Konstrukte zu, das heißt, unser Körper bewegt sich auf angenehme visuelle Bilder zu. Beim Future-Pacing, beim Brückenschlagen in die Zukunft, machen wir uns genau das zunutze.

Unser Unbewusstes nimmt gern das an, von dem es meint, dass es angenehm für uns ist und Sinn macht. Wenn etwas unangenehm ist, kann es kein Ziel für uns sein. Ziele sollten Spaß machen, und wir sollten uns als Mensch gewürdigt fühlen.

Experiment
Seien Sie kreativ, und spinnen Sie jetzt Ihre eigenen Gedanken in die Zukunft. Lassen Sie alle Übungsschritte dieses Zielmodells vor Ihrem geistigen Auge nochmals ablaufen, und suchen Sie sich mindestens drei verschiedene Situationen, in denen Sie bemerken können, dass Sie Ihr Ziel erreicht haben. Ein intensives Gespräch mit Ihrem Vorgesetzten, eine wichtige geschäftliche Verhandlung, die mit dem von Ihnen angestrebten Ergebnis endet, ein erfolgreicher Verkaufsabschluss, ein begeisterter Kunde ...

Stellen Sie sich vor, Sie haben Ihr Ziel erreicht. Sie erkennen vielleicht ein glückliches Funkeln in Ihren Augen, eine lockere, gelöste Körperhaltung, einen zufriedenen Gesichtsausdruck und eine klare innere Stimme, die ruhig und zufrieden oder aber auch fröhlich und enthusiastisch etwas zu Ihnen sagt wie: »Was für ein Tag!«

Sie haben Ihr Ziel erreicht, einen Kontakt zum Kunden hergestellt, ein gewisses Verhandlungsergebnis erreicht, Aufgaben und Probleme sind elegant und leicht gelöst worden, der finanzielle Umsatz konnte angehoben werden usw.

Lassen Sie dieses strahlende, helle Bild von sich in der Zukunft noch farbiger und größer werden, lassen Sie es auch näher und näher kommen. Spüren Sie den Rhythmus einer wunderbaren Musik im Hintergrund. Gleiten Sie jetzt ganz in Ihren Körper hinein, und erleben Sie, wie es ist, dieses Ziel erreicht zu haben. Und atmen Sie dieses Gefühl in Ihren ganzen Körper ein. Genießen Sie das einfach.

Wenn Sie Ihr Ziel erreicht haben, belohnen Sie sich ruhig dafür! Und da wir Menschen uns gerne auf Anfänge zubewegen, stellen Sie sich weitere Fragen: »Wofür wird das ein Anfang sein?« »Wenn ich dort angelangt bin, welche Möglichkeiten werde ich von da weg haben?« »Welche anderen Ziele sind von da aus möglich?«

Experiment

Beginnen Sie von hier weg eine Reise in Ihre Zukunft. Wo wollen Sie heute in einem Jahr sein? Was wollen Sie in Ihrem Beruf alles erreicht haben? Welche Kunden hätten Sie gerne? Was für Mitarbeiter und Kollegen? Wie viel Umsatz oder Gewinn oder welches Gehalt wollen Sie haben? Stellen Sie sich dabei eine ganz konkrete Zahl vor. Was wäre, wenn es das Doppelte von dieser Zahl wäre? Welche Qualitäten möchten Sie in Ihrem beruflichen Leben ausleben können? Geistige Herausforderung, zwischenmenschliche Harmonie, Leichtigkeit und Spaß, finanziellen Erfolg? Was wollen Sie erreicht haben? Was wollen Sie wirklich?

Wie sehen Sie aus, wenn Sie die Ziele leben, von denen Sie jetzt träumen? Wie ist der Klang Ihrer Stimme? Wie bewegen Sie sich? Welche Gefühle mochten Sie leben in Ihren Zielen? Welche Fähigkeiten dabei nutzen? Erleben Sie auch, was Ihr Potenzial ist? Welche Ressourcen haben Sie? Bedenken Sie, Sie können sich immer wieder auf diese Art und Weise von innen her aufladen.

→ **24. Praxistipp: Beim nächsten Ziel, das Sie verfolgen, achten Sie regelmäßig auf die Fortschritte, die Sie machen, sodass Sie bei etwaigen Kursabweichungen rechtzeitig eingreifen können. Überlegen Sie sich auch hierfür möglichst konkrete Schritte, die Sie unternehmen werden, um auf dem Weg zu bleiben bzw. um wieder auf den Weg zurückzufinden.**

Wenn Sie sich auf diese Art und Weise mit Ihren Zielen auseinandersetzen, werden Sie diese mit Humor, Kraft und Elan auch erreichen.

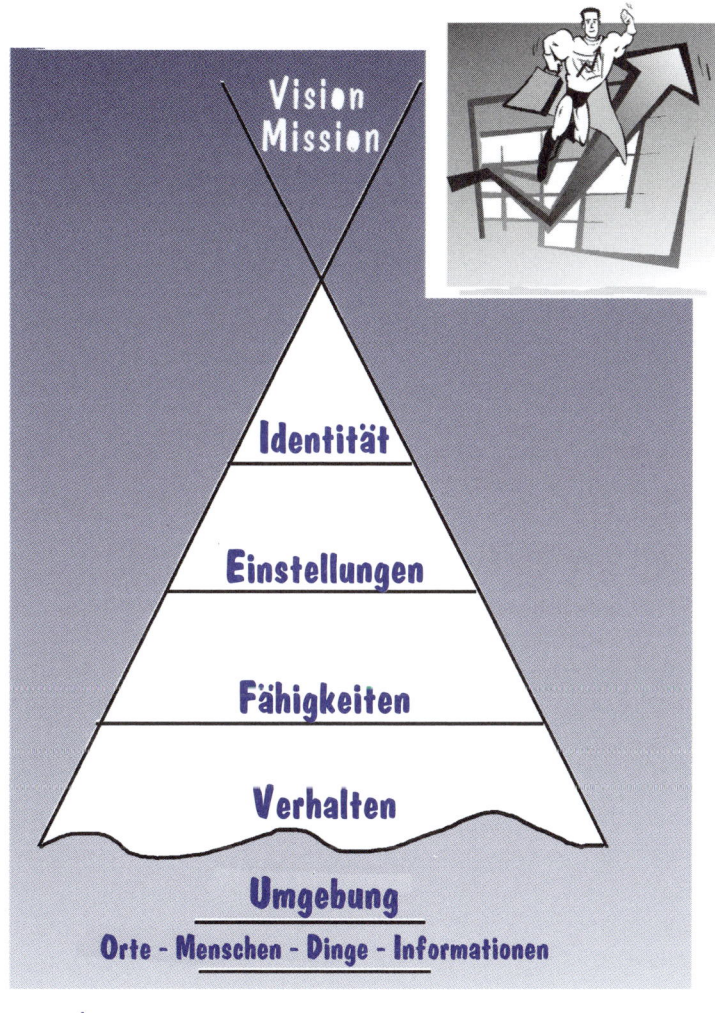

Abbildung 9: Modell Neuro-Logische Ebenen

Das Modell der »Logischen Ebenen« geht auf den Anthropologen Gregory Bateson zurück und wurde von dem NLP-Trainer Robert Dilts übernommen und weiterentwickelt.

Übertragen auf einen Satz würde das folgendermaßen ausschauen:

Neuro-Logische Ebenen	Inhalt
Identität	Für Sie
Einstellungen	wird es wichtig sein,
Fähigkeiten	diese neuen Fähigkeiten
Verhalten	umzusetzen
Umgebung	an Ihrem Arbeitsplatz.

Interessant ist bei diesem Modell, dass die meiste Zeit über, genauer in Phasen der Stabilität, die höheren Ebenen die unteren strukturieren. Das heißt, mit unseren Handlungen strukturieren wir den Kontext. Unsere Fähigkeiten bestimmen, was wir tun können und was nicht. Unsere Werte und Glaubenssätze bestimmen, was wir uns an Fähigkeiten überhaupt aneignen, weil das davon abhängt, was wir uns selbst zutrauen und ob es uns überhaupt wichtig ist, das zu lernen. Und unser Selbstverständnis, unsere Identität bestimmt, wovon wir überzeugt sind und woran wir wirklich glauben. Die Frage ist, wo in dieser Pyramide wir unseren Schwerpunkt haben. Da gibt es durchaus unterschiedliche Ausprägungen. Es gibt Menschen, die haben ihren Schwerpunkt auf der untersten Ebene. Die sind dann das Auto, das sie fahren, oder die Uhr, die sie tragen. Andere Menschen haben ihren Schwerpunkt bei den Handlungen. Das heißt, diese Personen müssen gewisse Dinge immer genau so und nicht anders machen. Etwas muss immer da und nirgendwo anders liegen, sonst sind sie todunglücklich.

Je höher unser Selbstverständnis die Pyramide hinaufwandert, je höher unser Schwerpunkt im oberen Bereich der Neuro-Logischen Ebenen ist, desto wunsch- bzw. zielorientierter wird unser Leben. Dies erleichtert auch unseren Umgang mit anderen Menschen ungemein. Denn wenn wir unseren Schwerpunkt sehr hoch oben haben, haben wir klare Werte, feste Glaubenssätze und ein ausgeprägtes Selbstverständnis. Wir sind dann leichter bereit, auf unteren Ebenen Zugeständnisse zu machen. Wenn wir genau wissen, worum es uns geht und was uns wichtig ist, dann ist es uns egal, ob eine bestimmte Sache so oder so gemacht wird, so lange es in der großen Linie passt. Wir wissen genau, wo unsere Grenzen sind. Aber innerhalb eines gewissen Handlungsspielraumes sind wir freizügig.

Experiment

Mit dem folgenden Übungsblatt lade ich Sie zu einer Selbstreflexion der besonderen Art ein, zu einem Nachdenken über Ihre Einzigartigkeit auf strukturierte Art und Weise. Machen Sie es sich bequem, und beantworten Sie für sich die nun folgenden Fragen stichwortartig:

Was ist der Kontext, die Umgebung, in der Ihr Mensch-Sein stattfindet? Welches sind so ein paar Gegenden, Plätze, Räume?
Welche Dinge und Gegenstände umgeben Sie jeden Tag?
Mit welchen Dingen und Gegenständen umgeben Sie sich?
An diesen Orten mit diesen Dingen, welche Menschen sind da, mit denen Sie zu tun haben, sowohl privat als auch beruflich?
Welche Informationen tauschen Sie aus, welche geben Sie, und welche nehmen Sie?
Welche Informationen werden von Ihnen verlangt, und welche verlangen Sie von anderen?

Und das ist erst die Umgebung, der äußere Mantel, sind die Orte, die Dinge, die Menschen und die Informationen.
Lassen Sie uns weitergehen:

Wenn Sie an diesen Orten, mit diesen Dingen, Menschen und Informationen sind, was tun Sie da?
Was sind Ihre täglichen Handlungen?
Schauen Sie einmal genauer hin, und entdecken Sie, dass da eine Unmenge von Handlungen ist, die Sie täglich vollbringen und die sehr häufig unbewusst ablaufen.

Das war die Ebene der Handlungen. Weiter ...

Wenn Sie an diesen Orten, mit diesen Dingen, Menschen und Informationen sind und diese Handlungen tun, welche persönlichen Fähigkeiten bringen Sie dabei zur Anwendung?
Wie vollziehen Sie Ihre Handlungen, auf welche ganz bestimmte Art und Weise?
Entdecken Sie: Es gibt ein paar Dinge, die nur von Ihnen so getan werden können.

Wir verlassen die Ebene der Fähigkeiten und gehen weiter.

Wenn Sie an diesen Orten, mit diesen Dingen, Menschen und Informationen Ihre täglichen Handlungen, basierend auf Ihren individuellen Fähigkeiten, vollziehen, wovon werden Sie dabei geleitet?
Was sind die Dinge, die Ihnen wichtig sind?
Woran glauben Sie?
Wofür stehen Sie ein?
Welches sind die Werte und Glaubenssätze, was sind so die Einstellungen und Überzeugungen, wofür das Ganze?

Wir lassen die Ebene der Einstellungen hinter uns und gehen weiter.

Wenn Sie an diesen Orten, mit diesen Dingen, Menschen und Informationen Ihre täglichen Handlungen, basierend auf Ihren individuellen Fähigkeiten, vollziehen und dabei geleitet werden von Ihren Werten und Glaubenssätzen, wer und was sind Sie dann eigentlich?
Was wäre ein Bild, eine Metapher?
Da bin ich wie ein/e ...

Und eine letzte Stufe.

Wenn Sie an diesen Orten, mit diesen Dingen, Menschen und Informationen Ihre täglichen Handlungen, basierend auf Ihren individuellen Fähigkeiten, vollziehen und dabei geleitet werden von Ihren Werten und Glaubenssätzen und Sie dabei dieses Selbstverständnis haben, von welchem größeren Ganzen sind Sie Teil?
Was ist da noch?

All das, was wir für möglich halten, können wir tun. All jenes, was wir für Grenzen halten, können wir nicht überschreiten. In dem Moment, wo wir beginnen, über unsere Grenzen hinauszudenken, wird es uns gelingen, jene Dinge zu entdecken, die für andere Menschen möglich sind. Und wir sind immer noch mit der gleichen Realität konfrontiert, wenn es uns gelingt, verschiedene Positionen in Bezug auf diese Neuro-Logischen Ebenen einzunehmen.

Sokrates hat gesagt: »Es beunruhigt uns nie die Welt, sondern die Meinung, die wir über die Welt haben.«

Umgebung – Wo, wann, womit und mit wem?

Die erste Ebene ist die der Umgebung. Die Umgebung ist jener Bereich, in dem wir zu einem bestimmten Zeitpunkt zusammen mit bestimmten Menschen umgeben von bestimmten Dingen und Informationen an einem bestimmten Ort sind. Die Umgebung ist der Ort, an dem Sie und die Menschen, mit denen Sie zusammen sind, sich aufhalten. Die Umgebung kann Sie einschränken. Möglicherweise können Sie sich nur unter besonderen Umständen und mit besonderen Menschen auszeichnen. Wahrscheinlich haben Sie schon einmal gehört, wie jemand die Umwelt als einzige Ursache für den Erfolg angab: »Ach, ich war halt zur rechten Zeit am rechten Ort.«

Verhalten – Was?

Die zweite Ebene meint das Verhalten, das heißt die Ebene unserer bewussten Handlungen. Das, was wir tun. Im NLP umfasst Verhalten sowohl Gedanken als auch konkrete Handlungen. Manchmal kann es schwer sein, ein ungewolltes Verhalten zu ändern, weil es zu eng mit anderen Ebenen verknüpft ist.

Fähigkeiten – Wie?

Die dritte Ebene ist die der Fähigkeiten. Darunter versteht man die Ebene der Fertigkeiten, das heißt all jener Verhaltensweisen, die wir so oft wiederholt haben, dass sie gewohnheitsmäßig, automatisch und folgerichtig ablaufen. Auf der Ebene der Fähigkeiten werden zwei Arten von Fertigkeiten unterschieden. Wir haben alle viele grundlegende, innere Fertigkeiten, wie etwa Gehen und Sprechen. Aber wir haben auch bewusst erlernte Fähigkeiten, die wir mit Zeitaufwand und Anstrengung erworben haben, wie fachliches Know-how, berufsspezifische oder sportliche Fertigkeiten. Was auch immer Sie tun, fragen Sie sehr sorgfältig nach Ihren Fähigkeiten. Denn Ihre Fähigkeiten oder die Fähigkeiten eines Unternehmens sind die Stärken, die Sie oder das Unternehmen von anderen unterscheiden. Die Fähigkeiten sind der Pool an Ressourcen, den Sie in Ihrem Unternehmen haben und aus dem Sie Profit schlagen können.

Einstellungen – Warum?

Auf der vierten Ebene befinden sich unsere Einstellungen, unsere Glaubenssätze und Werte. Unsere Einstellung zu einem Thema umfasst alles, was wir diesbezüglich glauben und was uns dabei wichtig ist. Einstellungen erzeugen die Wirklichkeit, mit der wir zu tun haben. Die Dinge, die wir glauben, leiten unsere Handlungen. Nicht diejenigen, von denen wir sagen, dass wir an sie glauben, sondern diejenigen, nach denen wir handeln. Glaubenssätze geben unserem Handeln Bedeutung. Werte sind der Grund, warum wir etwas tun. Sie umfassen, was uns wichtig ist – das, wonach wir streben – Gesundheit, Wohlstand, Glück, Liebe.

Doch bedeutet jedes dieser sinn-trächtigen Worte für jeden von uns etwas anderes, und so ist es zum Beispiel möglich, dass zwei Menschen auf völlig unterschiedliche Weise nach Glück streben. Glaubenssätze und Werte leiten unser Leben und wirken sich als Instanzen der Erlaubnis und des Verbots darauf aus, wie wir handeln. Einstellungen geben unseren Handlungen die Bedeutung, die sie haben.

Glaubenssätze entwickeln wir in unserer Prägungsphase (die ersten sieben Lebensjahre), weil uns Vorbilder etwas über uns oder über die Welt sagen. In einer Zeit also, in der wir mit großen Augen dastehen und alles ungefiltert in uns aufnehmen, es glauben und irgendwann Wirklichkeit werden lassen.

Glaubenssätze können auch dadurch entstehen, weil wir zwei Menschen dabei beobachten, wie sie über uns oder über die Welt sprechen. Und wenn die Worte nicht direkt an uns gerichtet sind, sondern wenn wir der Lauscher an der Wand sind und hören, was wir können und was nicht können, wirkt das manchmal noch viel mehr. Wir können Glaubenssätze aber auch durch unsere eigene Erfahrung bekommen, indem uns etwas misslingt und wir denken, wir könnten das nicht.

Glaubenssätze strukturieren permanent, was auf den unteren Ebenen passiert. Wir wissen das auch. Im wirklichen Leben passiert irgendetwas, und zwei Leute, die gegenteiliger Meinung sind, sehen das und nehmen genau ein und dasselbe Ereignis als Beweis ihrer verschiedenen Meinungen. Die Methoden unserer Modellbildung wirken demnach stärker als das, was in der Wirklichkeit passiert.

Werte sind der Grund dafür, warum wir etwas tun oder nicht. Sie umfassen Kriterien, die uns wirklich wichtig sind. Sie beschreiben das, wonach wir streben. Wie die Glaubenssätze wirken sie stark strukturierend auf unser Leben und sind sehr mächtig. Glaubenssätze und Werte leiten unser Leben sehr stark und wirken sich als Instanzen der Erlaubnis und des Verbots darauf aus, wie wir handeln.

Identität – Wer?

Die fünfte Ebene ist die Ebene der Identität und umfasst das Selbstbild einer Person oder eines Unternehmens und ist stark durch Glaubenssätze und Werte geprägt. Sie wird während eines ganzen Lebens aufgebaut und ist sehr elastisch. Wir drücken uns durch unser Verhalten, unsere Fähigkeiten, unsere Glaubenssätze und Werte aus, sind aber mehr als jedes Einzelne von ihnen. Die Identität meint die Gesamtheit einer Person, meint unser ganzes Mensch-Sein, unser Selbstverständnis.

Die sechste und letzte Ebene, jenseits der Identität, ist auch der Ort der Spiritualität, der Religion, der Transzendenz im weiteren Sinne. Es ist jene Ebene, die sich mit unserem Platz in der Welt beschäftigt. Es ist die höchste der Neuro-Logischen Ebenen, die wie alle Ebenen davor auf die darunterliegenden Ebenen einwirkt.

→ **25. Praxistipp: In der nächsten Kommunikationssituation, die es Ihnen erlaubt, achten Sie darauf, was Ihnen Ihr Gesprächspartner an Informationen in Hinblick auf seine Neuro-Logischen Ebenen liefert. Erkennen Sie die Gemeinsamkeiten. Erkennen Sie die Unterschiede, und überlegen Sie sich, welche Auswirkungen diese auf Ihr Gespräch haben.**

Wenn Sie Ihren sprachlichen Blick schärfen und auf die Neuro-Logischen Ebenen hören, werden Sie eine zusätzliche Gesprächsbasis erhalten, die Ihnen viele Möglichkeiten bietet, den Kontakt mit Ihrem Gesprächspartner zu vertiefen.

Die Neuro-Logischen Ebenen können das Gerüst für die Organisation einer Abteilung oder eines Unternehmens liefern. Wichtig ist nur, dass dabei alle Ebenen angesprochen werden.

Nehmen wir zum Beispiel einen Manager, der auf diesen unterschiedlichen Ebenen über seine Arbeit nachdenkt:

Neuro-Logische Ebene	Inhalt
Umgebung	Diese Firma ist ein gutes Umfeld für mein Tätigsein.
Verhalten	Ich werde heute ein Orientierungsgespräch mit Herrn Hofer führen.
Fähigkeiten	Ich kann gut Feedback geben.
Einstellungen	Wenn ich mich für die Anliegen meiner Mitarbeiter aufrichtig interessiere, funktioniert die Zusammenarbeit.
Identität	Ich bin ein Gärtner, der seltene Blumen zieht.
Vision, Mission	Ich gehöre zu den Managern, denen Ethik wichtig ist.

Im Folgenden finden Sie einige Fragen, die auf jeder der Ebenen auftauchen könnten:

Umgebung – Wo, wann, womit und mit wem?

Über welchen Büroraum verfügen wir? Wer arbeitet mit wem zusammen? Über welche Technologien verfügen wir? Was ist unser Produkt? Wer sind unsere Kunden? Ist die Umgebung angenehm? Lässt es sich für unsere Mitarbeiter darin gut arbeiten?

Verhalten – Was?

Was muss von den Leuten unbedingt getan werden, damit wir das Unternehmens-ziel erreichen? Was davon muss täglich getan werden? Wie verteile ich die Auf-gaben auf die einzelnen Abteilungen? Was genau hat jede Abteilung, hat jeder Einzelne zu tun?

Fähigkeiten – Wie?

Welche speziellen Fähigkeiten haben wir, die uns von den anderen Abteilungen, den anderen Mitbewerbern am Markt unterscheiden? Welche Fähigkeiten sind notwendig, um meine Mitarbeiter noch besser zu motivieren? Welche Fähigkeiten bräuchten wir in unserem Unternehmen, um den Kunden noch besser zu erreichen? Welche Art von Spezialisierung, welche Weiterbildung, welches Training könnten wir unseren Mitarbeitern zur Unterstützung anbieten?

Einstellungen – Warum?

Was denken wir über unsere Belegschaft? Welche Meinung haben wir von unseren Mitarbeitern? Was denken wir über unsere Kunden? Was halten wir von unseren zukünftigen, potenziellen Kunden? Woran glauben wir als Ganzes, quasi als Teil der Unternehmensphilosophie? Welche Inhalte hat unser Unternehmensleitbild? Welche Werte enthält es? Was ist uns, dem einzelnen Mitarbeiter, dem Team, der Abteilung, dem Unternehmen wichtig? Welche Prinzipien gibt es in unserem Unternehmen, sowohl nach innen als auch nach außen? Womit, von dem, was dem Unternehmen wichtig ist, könnten sich auch Mitarbeiter und Kunden identifizie-ren?

Identität – Wer?

Wer bin ich? Was für eine Identität hat unser Unternehmen eigentlich? Wie wer-den wir wahrgenommen als Unternehmen? Welche Corporate Identity transpor-tieren wir nach außen? Und welche nach innen? Welches Image haben wir beim Kunden? Und welches nach innen? Wer sind wir als Teil der Gesellschaft? Was könnte das Motto für unser Team sein? Was ist das Sinnbild für dieses Unterneh-men, die Unternehmensmetapher?

Vision, Mission – Was noch?

Was ist unsere Vision, unsere Mission? Worum geht es uns hinter all dem noch? Was möchten wir nach außen tragen? Wofür sollte in unserem Unternehmen auch noch Raum sein? Was ist da noch?

→ **26. Praxistipp: Das nächste Mal, wenn Sie ein Team-Meeting oder eine Präsentation vor einer größeren Anzahl von Leuten zu einem bestimmten Thema haben, bemühen Sie sich darum, alle Neuro-Logischen Ebenen anzusprechen, und achten Sie darauf, welcher Zuhörer auf welche Ebene reagiert. Merken Sie sich das, und sprechen Sie diese Person zukünftig auf dieser Ebene an, wenn Sie sie mit Ihrer Botschaft wirklich erreichen wollen.**

Wenn Sie durch Hinschauen und Hinhören sensibler in Ihrer Wahrnehmungsgenauigkeit werden, wird das Ihre Kommunikationsfähigkeit verbessern.

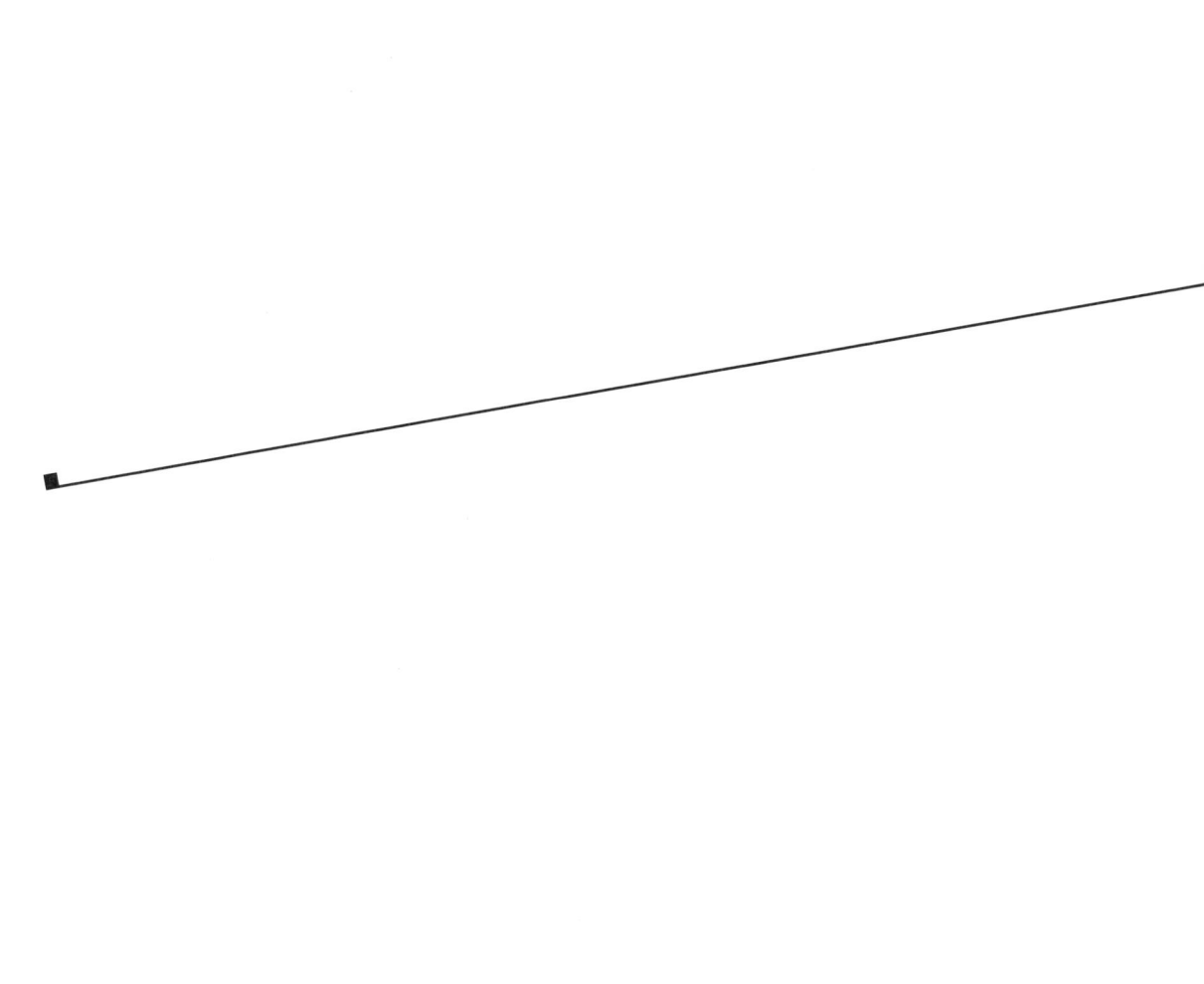

Teil 7
Ich mit dir –
exzellente Kommunikation

Sie kennen nun bereits das Gemeinsame erfolgreicher Menschen. Sie kennen das Handlungsmodell des NLP, und Sie bauen die sechs Weisheiten in Ihr eigenes Leben ein. Sie wissen um die enorme Wichtigkeit der Emotionen und kennen darüber hinaus einige Möglichkeiten, sie zu beeinflussen. Sie wissen, was es mit Zielen auf sich hat. Und Sie haben die Bedeutung der Neuro-Logischen Ebenen kennengelernt. Jetzt, wo Sie all das für sich integriert haben, was wollen Sie noch? Wer oder was ist dann noch wichtig für Sie? Ganz konkret, aber auch im Allgemeinen? Wie steht es jetzt mit den Menschen um Sie herum? Wie schaut es mit dem Du, mit Ihrem Gegenüber aus? – Denn mit all den Fähigkeiten und Fertigkeiten, die Sie haben, ist genau jetzt der richtige Zeitpunkt, sich den anderen zuzuwenden und mit ihnen zu kommunizieren.

Wir erschaffen die Welt durch die Begegnungen, die wir haben, und durch die Qualität, die wir bei diesen Begegnungen zulassen. Für solche Begegnungssituationen ist es notwendig, unsere Wahrnehmung zu verändern, zu schärfen. In jeder zwischenmenschlichen Kommunikation müssen wir den anderen Menschen zuerst einmal wahrnehmen, wie er ist. Natürlich erfahren wir dann nur, was wir glauben, was oder wie er ist. Aber wir müssen zumindest damit beginnen. Wir müssen hinschauen, hinhören und hinfühlen. Das ist die Basis. Als nächstes haben wir dann die Möglichkeit, Kontakt aufzunehmen. Von dort weg haben wir dann die Möglichkeit, einen Kontakt herzustellen. Und zwar einen Kontakt, der trägt. Einen Kontakt, der auf Vertrauen und auf gegenseitiger Wertschätzung basiert.

Diesen Kontakt bezeichnet man im NLP als Rapport. Man versteht darunter eine gewisse Qualität des Miteinander und meint damit eine Qualität der Beziehung, die vom sachlichen Inhalt nicht mehr so leicht getrübt werden kann. Rapport ist im NLP der Oberbegriff für alle zwischenmenschlichen Prozesse, die eine gute Grundlage für Kommunikation darstellen. Rapport besteht aus zwei Elementen. Das eine Element ist das *Pacing* oder *Spiegeln*, und das zweite Element ist das *Leading* oder *Führen*.

Pacing schafft die Grundbedingung für guten Rapport. Wir öffnen uns dabei dem Weltbild des anderen, indem Elemente des eigenen Verhaltens dem wahrgenommenen Verhalten des Gegenübers angeglichen werden, und können ihn dadurch von seinem Modell der Welt abholen. Wir schaffen durch Gleichklang und Harmonie im Verhalten eine positive Kommunikationsbasis, die sehr effektiv und tiefgreifend ist.

Leading setzen wir erst dann ein, wenn bereits guter Rapport hergestellt ist. Durch Leading kann aus dieser harmonischen Situation heraus eine neue Richtung eingeschlagen werden, wobei dem Gesprächspartner neue Alternativen im Denken und Handeln aufgezeigt werden. Das heißt, aus der Ausgangssituation heraus wird eine neue Richtung eingeschlagen, und der Gesprächspartner wird dazu eingeladen, diese mitzugehen.

Pacing und Leading sind vor allem im pädagogisch-didaktischen Bereich zentrale Möglichkeiten, die Kommunikation zu verbessern, da sämtliche kommunikativen Tätigkeiten wie Lehren, Führen, Beraten, Verkaufen usw. durch den Einsatz von Rapport effektiver und angenehmer gestaltet werden können.

Rapport meint die Qualität einer guten Beziehung, die in gegenseitiges Vertrauen und gegenseitiges Verstehen mündet. Eine gute Kommunikation setzt guten Rapport voraus. Rapport bedeutet, dass wir auf das Modell, auf die Landkarte eines anderen Menschen eingehen können. Erst wenn wir mit jemandem in Rapport sind, wenn wir mit jemandem Rapport haben, fühlt sich der andere angenommen und wird dadurch offener und zugänglicher. Wann immer wir Rapport aufnehmen, ist das ein Versuch, näher an diese zweite Person heranzukommen. Es geht darum, zu wissen, welche Art von Landkarten mein Gegenüber herstellt. Es geht aber auch um die Frage, was aus dieser Vielfalt an Sinneseindrücken mein Gegenüber wahrnimmt. Welche Filter kommen zum Einsatz? Was wird herausgelassen, was wird generalisiert, und wie verzerrt mein Gegenüber? Und dazu ist es notwendig, dass wir unsere Wahrnehmungsgenauigkeit schärfen.

Wahrnehmungsgenauigkeit zu erlangen bedeutet, all unsere Sinne zu schärfen – zu sehen, zu hören, zu fühlen, zu riechen und zu schmecken. Wenn wir lernen, unsere Wahrnehmungsgenauigkeit zu schärfen und auf die Zugangshinweise zu achten, lernen wir die Menschen rascher und schneller zu verstehen. Wir wissen dann eher, wie sie unter gewissen Umständen reagieren und antworten. Und wir können erkennen, wann jemand für ein Gespräch bzw. für gewisse Gesprächsinhalte bereit ist.

Wahrnehmungsgenauigkeit ist die Basis, um mit jemandem in Kontakt zu treten und um Rapport herzustellen. Um noch einen Schritt weiter zu gehen, können wir uns in die Mokassins des anderen begeben und einmal in diesen Mokassins ein paar Meilen gehen, wir können die Landkarte unseres Gegenübers spiegeln, wir können pacen.

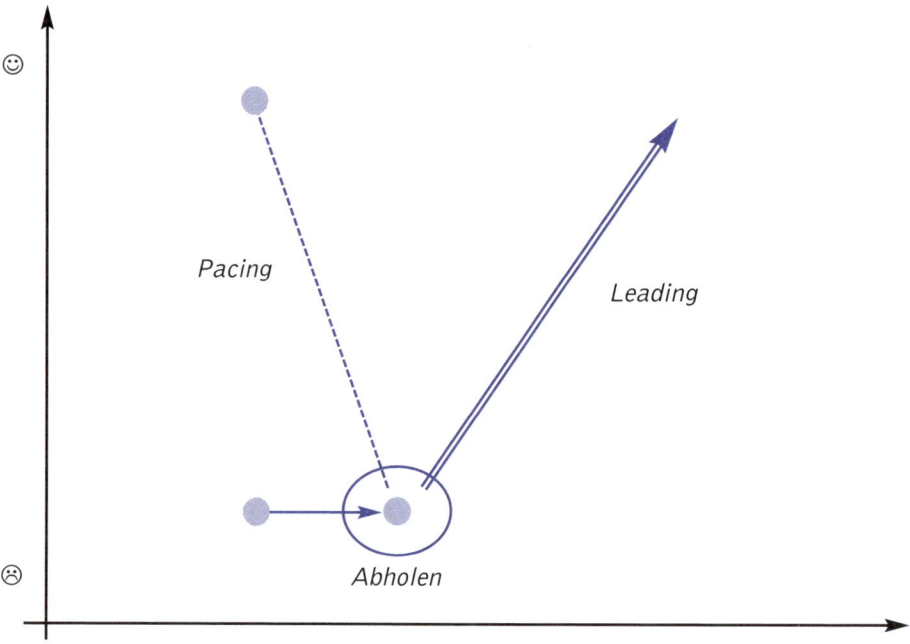

Abbildung 10: Emotionsdiagramm

Auf der linken Achse oben in diesem Diagramm befindet sich ein zufriedener Smiley. Alles ist eitel Wonne, Sonnenschein. Auf der linken Achse unten hingegen ist es gar nicht angenehm, der traurige Smiley unterstreicht das. Jetzt gibt es zwei Personen, die einander begegnen, und die eine von beiden ist ganz oben und die andere ganz unten. Die oben trifft die andere, der es wirklich schlecht geht. Sie bleibt aber in ihrem tollen Zustand und sagt: »Ja sagen Sie einmal, warum schauen Sie denn so traurig? Es ist doch alles wunderbar!« Wie endet das? Was passiert bei dem anderen? Er geht noch weiter hinunter.

In einer Kommunikationssituation gibt es neben dem verbalen Teil, der Sprache, noch den tonalen Anteil und den nonverbalen Teil, den Bereich der Körpersprache. Auseinandersetzungen, Streit und Unstimmigkeiten finden dort statt, wo wir auf allen drei Ebenen unterschiedlicher Meinung sind.

Wenn wir eine Botschaft senden, dann hat der verbale Teil einen Anteil von 7 Prozent, der tonale einen Anteil von 38 Prozent und die Körpersprache einen Anteil von 55 Prozent. Das haben amerikanische Verhaltensforscher beobachtet. Und wir wissen das aus unserem Alltag sehr gut. Diese Spielarten sind uns bekannt. Das heißt, selbst wenn wir inhaltlich anderer Meinung sind, haben wir mit 93 Prozent unserer Kommunikation noch die Möglichkeit, respektvoll miteinander umzugehen. Das heißt, ob wir jemandem sympathisch sind oder nicht, ob wir das Vertrauen eines Gesprächspartners gewinnen oder nicht, hängt zu 93 Prozent von unserer Fähigkeit ab, zu kommunizieren. Ist Ihnen bewusst, was für ein Potenzial das ist? Wissen Sie eigentlich, was sich da für Möglichkeiten auftun?

Doch: Wenn Menschen oder Teams Probleme haben, dann haben sie diese meist auf den ganzen 100 Prozent.

Experiment

Um das auszuprobieren, machen Sie folgendes Experiment. Suchen Sie sich dafür einen Gesprächspartner, der bereit ist, in einer vertrauten Umgebung mit Ihnen zu experimentieren. Also am besten eine Kommunikationssituation unter Freunden und Kollegen. Im Laufe dieses Gespräches tun Sie Folgendes:

— *Ganz egal zu welchem Thema Ihr Gesprächspartner spricht, versuchen Sie zunächst, kontrovers zu sein, stimmen Sie nicht mit ihm überein, und zwar auf mehreren Ebenen gleichzeitig. Seien Sie einerseits in der Sache, also auf einer inhaltlichen Ebene, ungleicher Meinung. Und seien Sie andererseits tonal, also auf einer stimmlichen Ebene, ungleicher Meinung. Verändern Sie dafür Ihr Sprechtempo, Ihre Lautstärke, die Betonung, die Sprachmelodie, die Häufigkeit und Länge der Pausen usw. Und seien Sie drittens in Ihrer Körperhaltung, also auf der nonverbalen Ebene, ungleich. Variieren Sie Ihre Gestik, Ihre Kopfhaltung, Ihre Beinstellung, die Haltung Ihrer Arme, der Finger etc. möglichst unterschiedlich. Und verbleiben Sie ein bis zwei Minuten in dieser Position. Achten Sie dabei auf den Verlauf dieser Kommunikation. Was sehen Sie? Was hören Sie? Wie fühlen Sie sich? Und wie, glauben Sie, fühlt sich Ihr Gesprächspartner?*

— *Nehmen Sie dann langsam wieder Rapport auf, indem Sie immer noch unterschiedlicher Meinung bleiben, aber sich auf der tonalen und nonverbalen Ebene langsam wieder angleichen. Nehmen Sie wahr, wie sich die Kommunikation dadurch verändert.*

— *Gleichen Sie danach die verbale und tonale Ebene einander an, nehmen Sie aber langsam wieder eine ungleiche Körperhaltung ein. Achten Sie darauf, wie sich das auf die Struktur des Gespräches und auf den Gesprächsverlauf auswirkt.*

— Zum Schluss lassen Sie alle Ebenen gleich werden. Schwingen Sie sich ganz auf Ihren Gesprächspartner ein. Seien Sie also gleicher Meinung, sowohl verbal, tonal als auch nonverbal, und atmen Sie dabei auch noch im gleichen Rhythmus. Erleben Sie, wie es Ihnen jetzt in diesem Gespräch geht. Was sehen Sie? Was hören Sie? Wie fühlen Sie sich dabei? Und wie, glauben Sie, fühlt sich Ihr Gesprächspartner jetzt?

In diesem Experiment haben wir unser Bewusstsein auf die Stimme und die Körperhaltung gelenkt – nichts anderes ist Pacing. In dem Moment, wo wir uns mit unserem Gesprächspartner trotz unterschiedlicher Meinungen gut unterhalten, ist das ein Zeichen des guten Kontakts.

Wenn es uns also gelingt, in einem Gespräch das Hintergrundrauschen herauszufiltern, die unterschiedlichen Körperhaltungen, das unterschiedliche Sprechtempo, die unterschiedlichen Repräsentationssysteme usw., und wenn es uns gelingt, das anzugleichen, dann bleibt möglicherweise auf der Sachebene noch immer ein Unterschied, aber damit kann man umgehen. Diese Probleme lassen sich dann, wenn vernünftige Menschen daran arbeiten, aus dem Weg räumen. Rapport ist eine Möglichkeit, eine Türe zu öffnen.

Albert Camus hat einmal gesagt: »Das echte Gespräch bedeutet, das eigene Haus zu verlassen und an die Türe des anderen zu klopfen.« Wenn wir auf der Ebene unserer Identität wissen, wer wir sind, begegnen wir plötzlich anderen Menschen, lassen wir uns auf andere ein. Wenn wir mit Pacing beginnen, haben wir auch die Möglichkeit, ins Leading zu kommen. Wir können den anderen einladen, sich unsere Welt anzuschauen. Die besten Absichten, die besten Möglichkeiten allein genügen nicht, wenn wir keinen Zugang zum anderen finden. Wir müssen zuerst einmal die Türe zum anderen öffnen, ehe wir miteinander kommunizieren können.

➜ 27. Praxistipp: Bei Ihrem nächsten »Smalltalk« mit einem Kollegen achten Sie während des Gespräches auf seine Körpersprache, seine Worte, sein Sprechtempo und den Klang seiner Stimme. Passen Sie Ihre Worte und Ihre Stimme langsam an ihn an, und beobachten Sie dabei, wie diese Kommunikation verläuft.
Probieren Sie nach einigen Minuten zusätzlich die Haltung des anderen aus und achten dabei auf die Veränderung des Gespräches. Welche Einstellung haben Sie jetzt in Bezug auf dieses Gespräch? Wie verändert sich Ihr Befinden in diesem Gespräch?

Wenn Sie Pacing perfektionieren, werden Sie erleben, wie Sie mit Ihrem Gesprächspartner guten Kontakt auf allen Ebenen bekommen.

Die fünf möglichen Repräsentationssysteme sind unsere vier Sinne (Riechen und Schmecken fallen, weil sie neurologisch die gleiche Grundlage haben, zur Vereinfachung meist in eine Kategorie):

> das Visuelle – Sehen,
>
> das Auditive – Hören,
>
> das Kinästhetische – Fühlen,
>
> das Olfaktorisch-Gustatorische – Riechen und Schmecken.

Dazu kommt noch das Auditiv-digitale – das rationale Denken.

Im NLP werden die Erfahrungen von Menschen anhand dieser fünf Bereiche differenziert. Durch bestimmte Zugangshinweise wie Körperhaltung, Atmung, Gesten, Hautfarbe, Tonhöhe, aber auch Augenzugangshinweise und verbalsprachliche VAKOG-Zugangshinweise entsteht ein Gesamteindruck von meinem Gegenüber. Wenn Sie lernen, diese Zugangshinweise wahrzunehmen und zu verstehen, wissen Sie oft innerhalb von Mikrosekunden, wie es jemandem geht. Wenn Sie auf Zugangshinweise achten, wird es Ihnen bald schon möglich sein, Ihr Gegenüber sehr differenziert wahrzunehmen und zu sehen, in welche Richtung sich jemand verändert hat.

Die folgenden Inhalte sind Fähigkeiten und Fertigkeiten, die Sie dabei unterstützen, solche Zugangshinweise zu lesen und zu verstehen. So können Sie mit Ihrem Gesprächspartner noch besseren Kontakt haben. Und zusätzlich werden Sie selbst dadurch sehr flexibel.

Eine Methode, um sehr schnell herauszufinden, in welchem Sinnessystem Ihr Gesprächspartner seine Informationen abruft, ist das Beobachten seiner Augenbewegungen. Augenbewegungsmuster verlaufen automatisch und unbewusst und drücken bestimmte Sinnessysteme aus. Die Einnahme bestimmter Positionen der Augen erleichtert einem Menschen den Zugang zu gewissen Gehirnabschnitten.

Die Augenrichtungen auf den einzelnen Abbildungen entsprechen der Blickrichtung Ihres Gesprächspartners, wenn Sie ihm frontal gegenübersitzen.

Abbildung 11: Augenzugangshinweis allgemein

Diese Übersicht gilt für 80 Prozent aller europäischen Rechtshänder. Aufgrund der großen Abweichungen sollten Sie sich durch gezielte Fragen zuerst auf Ihr Gegenüber einstellen. Im NLP nennen wir das Kalibrieren. Um das zu tun, können Sie mit nachfolgenden oder ähnlichen Fragen in einem Gespräch die Augenzugangshinweise bewusst hervorrufen:

Abbildung 12: Augenzugangshinweis ve

Ve – Visuell erinnerte Bilder (oben links)

- Welche Farbe hatte Ihr erstes Spielzeugauto?
- Wie viele Fenster hat Ihre Wohnung?
- Welche Augenfarbe hatte Ihr erster Chef?

Abbildung 13: Augenzugangshinweis vk

Vk – Visuell konstruierte Bilder (oben rechts)

- Wie sehen Sie in dreißig Jahren aus?
- Wie würden Sie aussehen, wenn Sie 10 Kilo abnehmen?
- Stellen Sie sich vor, Ihr Auto hätte statt Reifen Flügel.

Abbildung 14: Augenzugangshinweis ae

Ae – Auditiv erinnerte Vorstellungen (Mitte links)

- Wie klingt die Stimme Ihres Chefs, wenn er wütend ist?
- Was hat Ihr Vorgesetzter beim letzten Projektabschluss zu Ihnen gesagt?
- Welchen Klang hat Ihr Telefon, wenn es läutet?

Abbildung 15: Augenzugangshinweis ak

Ak – Auditiv konstruierte Vorstellungen (Mitte rechts)

- Stellen Sie sich die Stimme Ihres Chefs vor, wenn er wie Eros Ramazotti singen würde.
- Stellen Sie sich vor, wie Sie um eine Gehaltserhöhung verhandeln.
- Wie würde sich Ihre Stimme anhören, wenn Sie eine Oktave tiefer sprechen?

Abbildung 16: Augenzugangshinweis k

K – Kinästhetische Vorstellungen (unten rechts)

- ■ Woher wissen Sie, ob Ihr Schreibtischstuhl bequem ist?
- ■ Welches Gefühl ist es, wenn Sie am Morgen heiß duschen?
- ■ Welche Ihrer Hände ist wärmer, die rechte oder die linke?

Abbildung 17: Augenzugangshinweis ad

Ad – Auditiv digital, oft als innerer Dialog (unten links)

- ■ Sprechen Sie mit sich selbst, reden Sie sich gut zu?
- ■ Entscheiden Sie, was Ihnen als Jahresprämie besser gefallen würde: eine Gehaltserhöhung oder ein Monat bezahlter Urlaub?
- ■ Überlegen Sie sich drei Gründe, warum Sie Ihr Produkt einem Kunden empfehlen würden.

Im NLP hat der Respekt vor der Individualität des Einzelnen einen hohen Stellenwert. Vergessen Sie die Meinungen, die Sie sich gebildet haben, und schauen Sie auf den anderen Menschen hin, so als würden Sie ihn zum ersten Mal sehen – mit ganz neuen Augen. Es gibt keine Regeln, und Sie müssen jedesmal von Neuem beginnen. Verlassen Sie sich lediglich auf das, was Sie in dem aktuellen Moment einer Begegnung wahrnehmen.

Wir alle sind darauf angewiesen, in einem Gespräch schon beim einleitenden Smalltalk darauf zu achten, was bei unserem Gegenüber passiert, wenn es uns zustimmt, wenn es von etwas erzählt, das es wirklich mag. Und was passiert, wenn dieser Mensch von etwas erzählt, was nicht so gut ist, und wie wir das erkennen können.

Auf diese Art und Weise sind wir in der Lage, in der Kommunikation schon frühzeitig zu erkennen, dass etwas nicht passt. Und das kann man dann auch ansprechen. Zuerst aber müssen wir solche Hinweise überhaupt sehen. Erst dann haben wir die Möglichkeit, den Kontakt zu vertiefen. Das ist sowohl bei Präsentationen als auch bei Teambesprechungen oder bei Verkaufsgesprächen von großer Bedeutung.

Experiment
Am besten überprüfen Sie das gleich selbst bei einer Ihrer nächsten Kommunikationssituation. Stellen Sie sich zunächst auf Ihren Gesprächspartner ein. Beobachten Sie dann während des Gespräches seine Augenbewegungen und entdecken Sie, dass es da bevorzugte Augenpositionen gibt. Überprüfen Sie, welchen Sinnessystemen diese bevorzugten Positionen entsprechen.

Wenn wir in unterschiedlichen Sinnessystemen denken, dann passiert das in unterschiedlichen Teilen des Gehirns. Das heißt, es gibt innerhalb der Sprache noch »Untersprachen«, die mit den Filtern zu tun haben, in welchem Sinnessystem wir vorwiegend unterwegs sind. Professionelle Kommunikatoren gleichen sich automatisch darin an. Zu so jemandem heißt es dann: »Sie vermitteln mir das Gefühl, dass Sie mich verstehen. Sie haben ein ähnliches Weltbild. Sie sind ganz auf meiner Wellenlänge.« Wenn das Zwischenmenschliche nicht stimmt, wenn zwischen zwei Personen die Chemie nicht passt, dann klingt das etwas anders: »Sie sind zwar nett, aber Sie verstehen mich irgendwie nicht so recht. Wir haben einfach entgegengesetzte Standpunkte. Irgendwie stimmt der Kontakt zwischen uns nicht.«

Die Sprache ist sehr genau. Wenn wir mit jemandem Probleme haben, sagen wir, wir haben Differenzen. Gemeinsamkeit erzeugt Gemeinschaft. Man kann Gemeinsamkeiten auf einer weiteren Ebene finden, nämlich auf einer verbal-sprachlichen Ebene. Auch dazu gibt es eine Menge Zugangshinweise.

Im Folgenden finden Sie eine Sammlung verbaler Sprachmuster, die Sie als Zugangshinweise für das jeweilige Sinnessystem verwenden können.

Sprachmuster

■ Visuell (Sehen):

Sehen, Bild, Fokus, Vorstellung, Einsicht, Szene, leere Leinwand, visualisieren, Perspektive, scheinen, reflektieren, klarmachen, durchblicken, beäugen, fokussieren, vorhersehen, Illusion, illustrieren, beobachten, Aussicht, enthüllen, Vorschau, schauen, zeigen, überwachen, Vision, zugucken, offenbaren, verschwommen, dunkel ...

Ich sehe, was du meinst. Ich nehme diesen Gedanken unter die Lupe. Wir haben die gleiche Perspektive, den gleichen Blickwinkel. Ich habe eine verschwommene Vorstellung. Er hat einen blinden Fleck. Zeig mir, was du meinst. Ich schaue darauf zurück und lache. Dies wird ein wenig Licht in die Angelegenheit bringen. Es macht sein Leben bunter. Es erscheint mir ... Der Schatten eines Zweifels. Einen trüben Blick haben. Die Zukunft sieht strahlend aus. Die Lösung blitzte vor seinem geistigen Auge auf. Eine Augenweide ...

■ Auditiv (Hören):

Sagen, Akzent, Rhythmus, laut, Ton, erklingen, Geräusch, taub, monoton, klingen, fragen, betonen, hörbar, verständlich, diskutieren, verkünden, anmerken, zuhören, Schall, rufen, sprachlos, mündlich, mitteilen, Stille, dissonant, harmonisch, schrill, ruhig, dumpf ...

Auf der gleichen Wellenlänge. In Harmonie leben. Das klingt mir alles spanisch. Viel Tamtam machen. Bei einem Ohr rein, beim anderen wieder raus. Taub sein für den anderen. Da klingelt's in den Ohren. Wort für Wort. Unerhört! Unmissverständlich ausdrücken. Eine Audienz geben. Halt deine Zunge im Zaum. Laut und deutlich ...

■ Kinästhetisch (Fühlen):

Berührung, umgehen mit, Kontakt, drücken, rubbeln, fest, warm, kalt, rau, in Anspruch nehmen, schieben, Druck, einfühlsam, Stress, greifbar, Spannung, anfassen, kompakt, sanft, begreifen, halten, kratzen, solide, schwer, glatt ...

Ich möchte mit dir in Kontakt kommen. Ich kann die Idee begreifen. Halt mal eine Sekunde. Es ging bis auf die Knochen. Ein warmherziger Mann. Ein harter Bursche. Dickfellig. An der Oberfläche kratzen. Ich kann meine Hand dafür nicht ins Feuer legen. Daran zerbrechen. Halt dich unter Kontrolle. Feste Grundlage ...

■ **Olfaktorisch oder gustatorisch (Riechen oder Schmecken):**

Parfümiert, schal, fischig, duftend, muffig, wohlriechend, frisch, verraucht, sauer, Würze, bitter, Geschmack, salzig, saftig, süß ...

Lunte riechen. Eine faule Sache. Eine bittere Pille. Frisch wie der Morgen. Eine süße Person. Ein beißender Kommentar ...

Experiment
Um den Umgang mit den Sprachmustern auszuprobieren, achten Sie bei derselben Kommunikationssituation wie vorhin jetzt auf die Sprache Ihres Gesprächspartners. Beobachten Sie während des Gespräches jede sprachlich zuordenbare Äußerung, und registrieren Sie für sich, welches Sinnessystem sich immer wieder in der Sprache zeigt.

Vergleichen Sie im Anschluss die Ergebnisse beider Beobachtungen auf Ihre Übereinstimmung, und sprechen Sie auch mit Ihrem Gesprächspartner darüber.

Es gibt also Unterschiede in den Augenzugangshinweisen und den sprachlichen Prädikaten. Was sehen wir an den Augenbewegungen? Was hören wir an den sprachlichen Ausprägungen?

Die visuellen Zugangshinweise zeigen uns sehr gut das Leitsystem, also jenes Sinnessystem, über das wir uns bevorzugt Zugang zu unseren internen Informationen verschaffen.

Außerdem haben wir ein Hauptverarbeitungssystem, das sich in der Sprache repräsentiert. Das Hauptverarbeitungssystem zeigt uns, wie wir Informationen im Detail intern weiterverarbeiten.

Eines unserer Ziele sollte es sein, unsere Verhaltensmöglichkeiten auszuweiten, zu vermehren. Wenn jemand gelernt hat, hauptsächlich auditiv und kinästhetisch zu agieren, können Sie diesem Menschen beibringen, auch die anderen Repräsentationssysteme zu verwenden. Denn jedes Repräsentationssystem hält verschiedene Ressourcen bereit, welche die anderen nicht bieten können. Und da wir als kompetente Kommunikatoren daran interessiert sind, Botschaften möglichst so zu verpacken, dass sie individuell bei jedem ankommen können, wäre es gut, Inhalte und Botschaften in allen Repräsentationssystemen verpacken zu können. Die Probleme liegen zu einem wesentlich größeren Teil in der Verpackung. Doch sind unsere Verpackungselemente unsere Repräsentationssysteme. Der Ausgangspunkt ist also, sich in all diesen Systemen zu Hause zu fühlen und die Verhaltensmöglichkeiten zu vermehren.

Experiment

Ich lade Sie nun ein, auf dem Übungsblatt für gewisse, sehr neutral gehaltene Aussagen Formulierungen für jedes Sinnessystem zu notieren.
Beispiel: Die Aussage »Ich bestätige Ihre Meinung« könnte im visuellen Sinnessystem zum Beispiel lauten: »Ich sehe das auch so. Das schaut für mich genauso aus«, im auditiven Sinnessystem: »Das klingt für mich auch so. Das klingt harmonisch für mich.«

Grundaussage	»Ich bestätige Ihre Meinung.«	»Verstehen Sie, was ich sage?«	»Ich möchte Ihnen etwas mitteilen.«
V			
A			
K			
OG			

Lösungen:	V: Ich sehe das auch so.	V: Haben Sie schon ein Bild davon?	V: Schauen Sie sich das an.
	A: Das klingt gut.	A: Klingt das stimmig für Sie?	A: Ich möchte Ihnen etwas erzählen.
	K: Ich habe auch das Gefühl.	K: Haben Sie schon ein Gefühl dafür?	K: Ich möchte Ihnen etwas begreiflich machen.
	OG: Wir haben denselben Geschmack.	OG: Sind Sie schon auf den Geschmack gekommen?	OG: Ich möchte Sie auf den Geschmack bringen.

Vielleicht haben Sie bei diesem Experiment bemerkt, dass Sie gewisse Präferenzen haben, dass manche Sinnessysteme besser funktionieren als andere. Vor allem im Olfaktorisch-Gustatorischen ist es oft schwierig, gewisse Aussagen wörtlich zu übersetzen. Da müssen wir uns einen etwas weiteren Rahmen stecken, vor allem wenn wir in der Hochsprache bleiben.

Das Umfeld, in dem wir uns bewegen, beeinflusst sehr stark, welche Unterscheidungen wir in welchem Sinnessystem treffen, und diese Unterscheidungen bestimmen wiederum, welche Worte es dafür gibt und ob es überhaupt welche dafür gibt.

Sprache ist ein kulturspezifischer Filter. Es gibt zum Beispiel im Französischen wesentlich mehr Worte für Olfaktorisch-Gustatorisches als im Deutschen. Das hat mit der Kultur und der Einstellung zu tun.

Wenn zwei Menschen aufeinandertreffen, die in ihren Sinnessystemen unterschiedlich sind, ist auch die Kommunikation unterschiedlich. Wenn wir aber gewillt sind, uns gemeinsamen Zielen anzunähern, Zielen, die wir gemeinsam anstreben können und bei denen wir beide bekommen, was wir wollen, dann werden wir uns auf der sprachlichen Ebene annähern können und so vom anderen akzeptiert werden. Anders wird Kommunikation nicht funktionieren.

→ **28. Praxistipp: Bevor Sie das nächste Mal jemanden loben oder kritisieren wollen, achten Sie zunächst auf die bevorzugte Wahrnehmungsebene Ihres Gesprächspartners, und finden Sie seine bevorzugten Prädikate heraus. Formulieren Sie dann Ihr Lob oder Ihre Kritik entsprechend um, und spiegeln Sie Ihre Anregungen in seiner Wahrnehmungsebene, in seinen Prädikaten. Achten Sie darauf, wie Ihr Lob oder Ihre Kritik bei Ihrem Gesprächspartner ankommt.**

Wann immer Sie sich um Rapport bemühen, wann immer Sie Augenzugangshinweise oder verbal-sprachliche Zugangshinweise spiegeln, wird das den »Draht« zu Ihrem Kommunikationspartner verbessern.

Wenn wir im NLP von Strategien sprechen, dann sprechen wir vom Kernbereich des NLP, dem Modeling. Nahezu alles im NLP ist durch Modeling entstanden, durch die Fähigkeit zu fragen: »Wo macht jemand etwas sehr gut?« und: »Wie macht er es genau?« Durch Zuhören, aber auch durch gezieltes Erfragen können wir Sprachmuster in einem Gespräch heraushören und damit Strategien notieren. Zum Beispiel: »Damit ich mir ein *Bild* von Ihrer Idee machen kann, lassen Sie uns zuerst darüber *sprechen*. Erst so bekomme ich ein gutes *Gefühl* dafür.« In der NLP-Schreibweise sieht das dann so aus: V→A→K.

Wenn wir beginnen, Strategien zu erkennen, und auch wissen, wie wir diese durch minimale Eingriffe elegant beeinflussen können, dann haben wir einen hohen Grad an Exzellenz erreicht. Auf die richtige Art und Weise fragen zu können unterstützt das Herausfinden von Strategien.

Wenn Sie sich darin üben, Sprachmuster zu erkennen und Strategien zu elizitieren, dann haben Sie eine weitere Möglichkeit, mit Ihrem Gesprächspartner in Rapport zu gehen. Denn das Pacing der bevorzugten Strategie ermöglicht es Ihnen, das Hintergrundrauschen in einem Gespräch praktisch gegen Null gehen zu lassen. Darüber hinaus verwenden wir im NLP die Strategieelizitation, um Spitzenleistungen auf allen Gebieten zu modellieren. Wenn Sie es darin zur Meisterschaft bringen, sind Sie in der Lage, Spitzenleistungen auf allen Gebieten zu erforschen und auf sich selbst zu übertragen.

Was für den Hausverstand Sinn macht, gilt auch für Strategien, nämlich: »In der Kürze liegt die Würze.« Endlosschleifen sind ein Zeichen für schlechte Strategien. Wenn wir etwas erfolgreich tun, zeigt sich das auch darin, dass wir unser K+, unser gutes Gefühl, unsere positive Rückmeldung, unser erfolgreiches Ergebnis möglichst rasch erreichen. Und das gilt es dann zu modellieren! So arbeiten Genies. So werden auch Sie noch erfolgreicher!

Sie brauchen also all Ihre Fähigkeiten, allem voran die Fähigkeiten, genau wahrzunehmen und die richtigen Fragen zu stellen, um die unbewussten Strategien Ihres Gegenübers zu entdecken und für Sie beide nutzbar zu machen. Die Frage »Wie machst du das?« packt die Strategie aus. Ähnlich die Frage »Woher weißt du das?«.

Ich lade Sie dazu ein, in einer ersten Übung aus sprachlichen Aussagen die Strategie, die Abfolge von Sinnessystemen herauszulesen, Sprachmuster zu erkennen und die Reihenfolge der dahinterliegenden Strategie zu erforschen und zu benennen.

Nr.	Aussage	Strategie
1	Wenn ich meinen Chef sehe, dann bekomme ich kalte Füße.	
2	Ich lege meine Hand dafür ins Feuer, daß unser Unternehmen eine strahlende Zukunft hat.	
3	Bevor ich sage, dass ich es kaufe, möchte ich noch mehr Informationen sehen.	
4	Um ein Gefühl dafür zu bekommen, ob Ihr Produkt für mich stimmig ist oder nicht, würde ich gerne noch mit anderen Kunden sprechen.	
5	Da wir den gleichen Blickwinkel haben, nehmen Sie bitte diese Abrechnung genau unter die Lupe. Für mich ist da irgendetwas faul, und ich weiß nicht, was.	
6	Der Journalist hat mit seinem beißenden Kommentar ein wenig Licht in die Angelegenheit gebracht. Er hat sich wirklich sehr unmissverständlich ausgedrückt.	
7	Wenn ich sehe, dass ich mich auf meine Augen nicht verlassen kann, dann höre ich auf meine innere Stimme.	
8	Mein Gefühl sagt mir, dass ich mir dieses Thema noch genauer anschauen sollte.	
9	Ich sage Ihnen, dass wir rasch etwas tun sollten, um eine positive Stimmung für unser Produkt zu erzeugen. Wie wir das bisher getan haben, war gar nicht nach meinem Geschmack.	
10	Ich habe eine klare Vorstellung davon, wie wir das unter Kontrolle bringen.	
11	Wir sollten entscheiden, wie wir mit Stress und Druck während der Arbeit umgehen.	
12	Verstehen Sie eigentlich, dass dieses Produkt eine feste Grundlage für unser Unternehmen bildet und unsere Aussichten wesentlich verbessert?	
13	Ich fühle mich Wort für Wort von Ihnen verstanden. Das sind ja gute Aussichten für unsere Zusammenarbeit und den engen Kontakt.	
14	Passen Sie auf, was Sie sagen, sonst muss ich deutlich werden, und das macht mich sauer.	

Lösungen: 1: v-k, 2: k-v, 3: a-v, 4: k-a-ad, 5: v-v-og-ad, 6: og-v-ad, 7: v-v-ad 8: k-v, 9: ad-k-a-k-og, 10: v-k, 11: ad-k, 12: ad-k-v, 13: k-a-ad-v-k, 14: a-a-og.

Machen Sie darüber hinaus folgendes Experiment:

Experiment

– *Nehmen Sie die heutige Tageszeitung, und streichen Sie sich einige einem Artikel zugrundeliegenden Strategien an. Das betrifft zum Beispiel den Aufbau eines Artikels, aber auch die Art und Weise, wie ein Journalist zu einem gewissen Thema argumentiert, wie und welche Fragen er stellt usw. Notieren Sie die Strategien auf die Ihnen bereits vertraute Weise.*

– *Schreiben Sie dann zu jeder von Ihnen elizitierten Aussage eine Antwort, das heißt eine Art Fortsetzung, und pacen Sie dabei sowohl die dominierenden Repräsentationssysteme als auch die Strategie.*

– *Lesen Sie beide Texte durch, und achten Sie darauf, welche Wirkung das auf Sie hat.*

Strategien sind wie ein Kochrezept. Der VAKOG sind die Zutaten. Der springende Punkt ist, dass wir unsere Zutaten in der richtigen Sequenz aneinanderreihen müssen. Sonst geht es uns wie mit den Ziffern einer Telefonnummer. Diese allein genügen noch nicht, um eine bestimmte Telefonnummer zu erhalten. Erst die »Strategie«, die genaue Reihenfolge zwischen den einzelnen Ziffern verbindet uns mit dem, den wir sprechen möchten.

→ **29. Praxistipp: Bei Ihrer nächsten Besprechung mit einem Geschäftspartner achten Sie neben den Worten, die Ihr Gesprächspartner verwendet, auch auf die seiner Aussage zugrundeliegende Strategie. Erkennen Sie die dominierenden Sinnessysteme, und pacen Sie die Strategie, indem Sie ein passendes Statement als Antwort schaffen. Nehmen Sie dabei wahr, wie Ihr Geschäftspartner darauf reagiert.**

Wenn Sie beginnen, Strategien zu spiegeln, werden Sie Übereinstimmung auf einer viel höheren Ebene bewirken und dadurch Ihren Rapport perfektionieren.

Mit dem Zielmodell haben wir bereits ein Set von Fragen bekommen, das allein schon deshalb nützlich ist, weil wir uns üblicherweise bestimmte Fragen in Bezug auf ein Problem stellen und nicht so sehr in Bezug auf ein Ziel. Und allein das Stellen von anderen Fragen führt nahezu zwangsläufig zu anderen Antworten, zumindest aber zu anderen Gesichtspunkten.

Wir konnten feststellen, dass die Qualität der Fragen, die wir uns stellen, von enormer Wichtigkeit ist. Wann immer es um Sprache geht, geht es auch um unser Modell der Welt. Wir können mit der Sprache sehr gut Ideen mit Ideen vergleichen. Das bedeutet, wir konstruieren die Welt, während wir sie wahrnehmen, und dabei erinnern wir uns lediglich an die Wahrnehmungen. Wir erinnern uns dann immer daran, dass wir uns einmal erinnert haben, das heißt, wir haben Erinnerungen an Erinnerungen, und dazwischen liegen viele Prozesse, die der Modellbildung dienlich sind oder auch nicht. Diese Modellbildung funktioniert mit drei Prozessen, nämlich mit Verzerrung – Tilgung – Generalisierung. Diese drei Möglichkeiten laufen andauernd ab und sind Teil eines weiteren Modells im NLP, des Meta-Modells.

There is a crack in everything
That's how the light gets in

(Leonhard Cohen)

Das Meta-Modell ist dazu da, Risse in der Oberflächenstruktur erkennen zu können. Es ist ein weiteres Set von Fragen, die dazu angetan sind, uns wieder in Kontakt zu bringen mit Prozessen, die durch unsere Sprache bezeichnet werden. Sprache ermöglicht uns, etwas zu sagen, aber auch etwas zu verbergen. Wenn wir auf diese Art Fragen stellen, haben wir die Möglichkeit, uns wieder in Kontakt zu bringen mit dem, was innerlich abläuft. Die Meta-Modell-Fragen ermöglichen es uns, das, was schon bezeichnet und etikettiert wurde, noch einmal anzuschauen, und noch einmal in den Mikroprozess hineinzugehen, um etwas Neues darüber zu lernen und möglicherweise ein neues Etikett dort anzubringen.

Es gibt drei Gruppen von Meta-Modell-Fragen: Verzerrung, Tilgung und Generalisierung. Verzerrung ist der wichtigste Modell-Bildungsprozess, gefolgt von Generalisierung und Tilgung. Die maßgeblichen Fragen sind: »Wie machen Sie das?« »Woher wissen Sie das?« und »Was müsste ich tun, um Ihren Zustand zu übernehmen?«

Doch lassen Sie uns das anhand von einigen Beispielen näher betrachten.

Aus der Gruppe der Verzerrungen bestimmen drei Prozesse unser Modell der Welt und somit unsere Sprache.

- »Mein Chef schüchtert mich ein.« Das klingt so, als hätten wir keine Wahlmöglichkeiten. X bewirkt Y, und das eindeutig und immer. Wir nennen das **Ursache–Wirkung.** Und wir fragen: »Was genau macht er, bevor Sie intern alles Nötige tun, um sich so zu fühlen, wie Sie es mit ›eingeschüchtert‹ bezeichnet haben?«

- »Mein Chef schreit mich an, und daran kann ich erkennen, dass er mich nicht mag.« Das, was hier gesagt wird, mag in dem Kontext, in dem das gelernt wurde, gestimmt haben. Doch in dem konkreten Kontext bedeutet es vielleicht etwas ganz anderes! Also: »Woher wissen Sie, dass es das bedeutet?« »X bedeutet Y« ist eine **komplexe Äquivalenz.** Und die Art und Weise, wie wir das hinterfragen, ist, darauf hinzuweisen, dass eine solche Verzerrung besteht. Wir können das Modell des anderen aber auch aufknacken, indem wir ein Gegenbeispiel suchen: »Haben Sie schon einmal jemanden angeschrien, den Sie mögen?«

- »Wenn mein Chef wüsste, wie sehr ich darunter leide, würde er das nicht tun.« In einem Satz wie diesem gilt es, alle Vorannahmen, alle **Präsuppositionen** zu entdecken und entsprechend zu hinterfragen. Machen Sie sich alle Wahlmöglichkeiten bewusst. Spezifizieren Sie den Prozess, präzisieren Sie das Erlebnis, und verweisen Sie auf den Beweis-, den Evidenzprozess. Stellen Sie Fragen wie »Woher wissen Sie, dass er es nicht weiß?«; »Wie machen Sie das, dass Sie unter ihm leiden?«; »Was genau würde er nicht tun?«.

Aus diesen drei Beispielen können wir bereits ersehen, dass die Dinge an sich weder gut noch schlecht sind, sondern erst die Bedeutung, die wir ihnen geben, sie zu dem macht, was sie sind. Wenn wir mit der Qualität der Antworten nicht zufrieden sind, dann müssen wir die Qualität unserer Fragen ändern. Und genau das machen wir mit den Meta-Modell-Fragen.

Bei den Generalisierungen sind Ihnen wohl die **Universalquantoren** am geläufigsten. »Mein Chef hört mir *nie* zu.« »In meiner Abteilung sind wirklich *alle* gegen mich.« »*Immer* wenn ich etwas sagen will, werde ich vom Abteilungsleiter unterbrochen.« Und da genügt schon, den Universalquantor zu nehmen, mit Fragezeichen zu versehen und so zurückzufüttern: »Nie?« »Wirklich alle?« »Immer?«

Ein Beispiel aus dem Bereich der Tilgung ist die **Nominalisierung.** Nominalisierungen sind Prozesse, die eingefroren sind in einem Hauptwort, in einem Substantiv. Zum Beispiel Liebe von lieben, Treue von treu sein, Verständnis von verstehen, Vertrauen von jemandem trauen usw.

Immer wenn Sie in einem Satz eine Nominalisierung heraushören wie »Ich habe kein *Verständnis* für die Schwäche meines Arbeitskollegen!«, können Sie das hinterfragen: »Wie machen Sie das?« Damit können Sie die Nominalisierung wieder verflüssigen und in einen Prozess zurückführen.

Dies waren einige Beispiele von Meta-Modell-Fragen. Was wir dabei tun, ist, auf den Prozeß des Erkennens, des Wahrnehmens zu verweisen.

Wir sind sehr daran gewöhnt, *hinunter* zu fragen. Wir sind daran gewöhnt, den Inhalt ganz und gar erforschen zu wollen. Wir sind gewöhnt herauszufinden, was dahinter steht, und wir haben einige Fragen dafür.

Wir haben aber recht wenige Fragen, um *hinauf* zu fragen. Wir stellen uns nur selten eine Frage wie »Wofür ist Erfolg ein Beispiel?« Die Möglichkeit, sich auf diesen Abstraktionsebenen sowohl hinunter als auch hinauf bewegen zu können, ist eine grundlegende, sowohl für unser Denken als auch für unser Handeln. Also brauchen wir die Fähigkeit, Informationen von unterschiedlicher Größe auf unterschiedlichen Ebenen verarbeiten zu können.

Dem Meta-Modell wird im NLP große Bedeutung beigemessen. Die Art und Weise, wie verzerrt die Sprache ist, kann uns klare Hinweise darauf geben, wo wir in einem Gespräch ansetzen können. Ich stelle Ihnen nun eine Ausprägung des Meta-Modells vor, die Ihnen dabei helfen kann, in einer Kommunikationssituation die jeweils passenden Fragen möglichst rasch verfügbar zu haben.

Nehmen Sie sich einige Minuten Zeit, um sich die nachfolgende Grafik mit all den Bezeichnungen gut einzuprägen. Links stehen die Fragen und rechts die Begriffe. Gehen Sie dabei vom linken zum rechten Finger und von der linken zur rechten Hand, so lange, bis die Verknüpfung Finger–Information automatisch funktioniert.

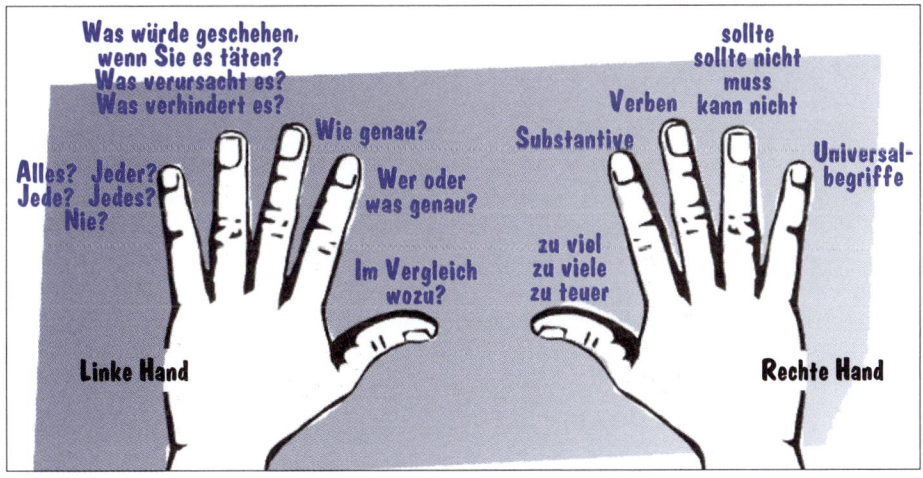

Abbildung18: Meta-Modell-Fragen

Nachdem Sie sich nun Fragen und Begriffe eingeprägt haben, erkläre ich Ihnen die Grafik näher.

- Fangen wir mit dem kleinen Finger an, den Universalbegriffen, den bereits erwähnten **Universalquantoren** »Alles?«, »Jeder?«, »Jede?«, »Jedes?«, »Nie?«. Hier wird von einer begrenzt gültigen Wahrheit zu einer allgemeinen Unwahrheit übergegangen. Wenn Sie also das nächste Mal eine solche Verallgemeinerung hören, wiederholen Sie die Aussage, und betonen Sie den Universalbegriff: »Ich weiß nicht, wozu ich das überhaupt lerne. Ich vergesse sowieso immer alles.« Wirklich alles?

- Legen Sie jetzt die beiden Ringfinger nebeneinander, und schauen Sie sich die **Modaloperatoren der Möglichkeit und der Notwendigkeit** an oder kurz: »Sollte – sollte nicht – muss – kann nicht«. Wann immer Ihnen jemand sagt, dass er etwas tun sollte oder auch nicht, tun muss oder nicht tun kann, können Sie fragen: »Was würde geschehen, wenn Sie es täten? Was verursacht es? Was verhindert es?«

- Gehen Sie dann zum Mittelfinger und damit zu den Verben, den **unspezifizierten Verben** wie traurig, deprimiert, elend usw. Wann immer Sie Aussagen in dieser Art hören, sagt Ihnen Ihr Gegenüber nichts Genaues, nichts Spezifisches. Fragen Sie also: »Wie genau machen Sie das?«, um sich von da weg mit dem eigentlichen Problem auseinanderzusetzen.

- Die beiden Zeigefinger enthalten Substantive wie »Die verstehen mich nicht« oder »Das kann ich nicht« in den Aussagen und als dazugehörige Frage »Wer genau?« oder »Was genau?«. Auch hier geht es darum, eine allgemeine Aussage zu präzisieren und wieder zum wirklichen Ereignis zurückzugehen, weil dieses einfach getilgt wurde. Man nennt diese Gruppe **einfache Tilgung.**

- Bei den beiden Daumen sagt der eine »Zu viel – zu viele – zu teuer«, und der andere sagt »Im Vergleich wozu?« Es handelt sich hierbei um eine **vergleichende Tilgung,** und es geht darum, wieder sinnvolle Vergleichspunkte herzustellen.

Wenn Sie beginnen, Fragen dieser Art zu stellen, dann ist es notwendig, dass Sie all das, was Sie jetzt bereits über Wahrnehmungsgenauigkeit und Rapport wissen, gleichzeitig anwenden.

→ **30. Praxistipp:** **Wenn Sie in einem Ihrer nächsten Gespräche bemerken, dass Ihr Gesprächspartner eine der genannten Sprachverletzungen einsetzt, nehmen Sie Rapport mit ihm auf, und finden Sie dann durch Stellen von gezielten Fragen heraus, worum es ihm eigentlich geht. Finden Sie den konkreten, ganz präzisen Inhalt heraus, um den es in dieser Unterhaltung geht.**

Wenn Sie auf diese Art und Weise kommunizieren, werden Sie bemerken, dass Sie damit sehr schnell Probleme, die hauptsächlich im Kopf bestehen, lösen, dass Sie damit sehr rasch verkrustete Strukturen in den Köpfen aufbrechen können. Seien Sie dabei aber weiter um Rapport bemüht!

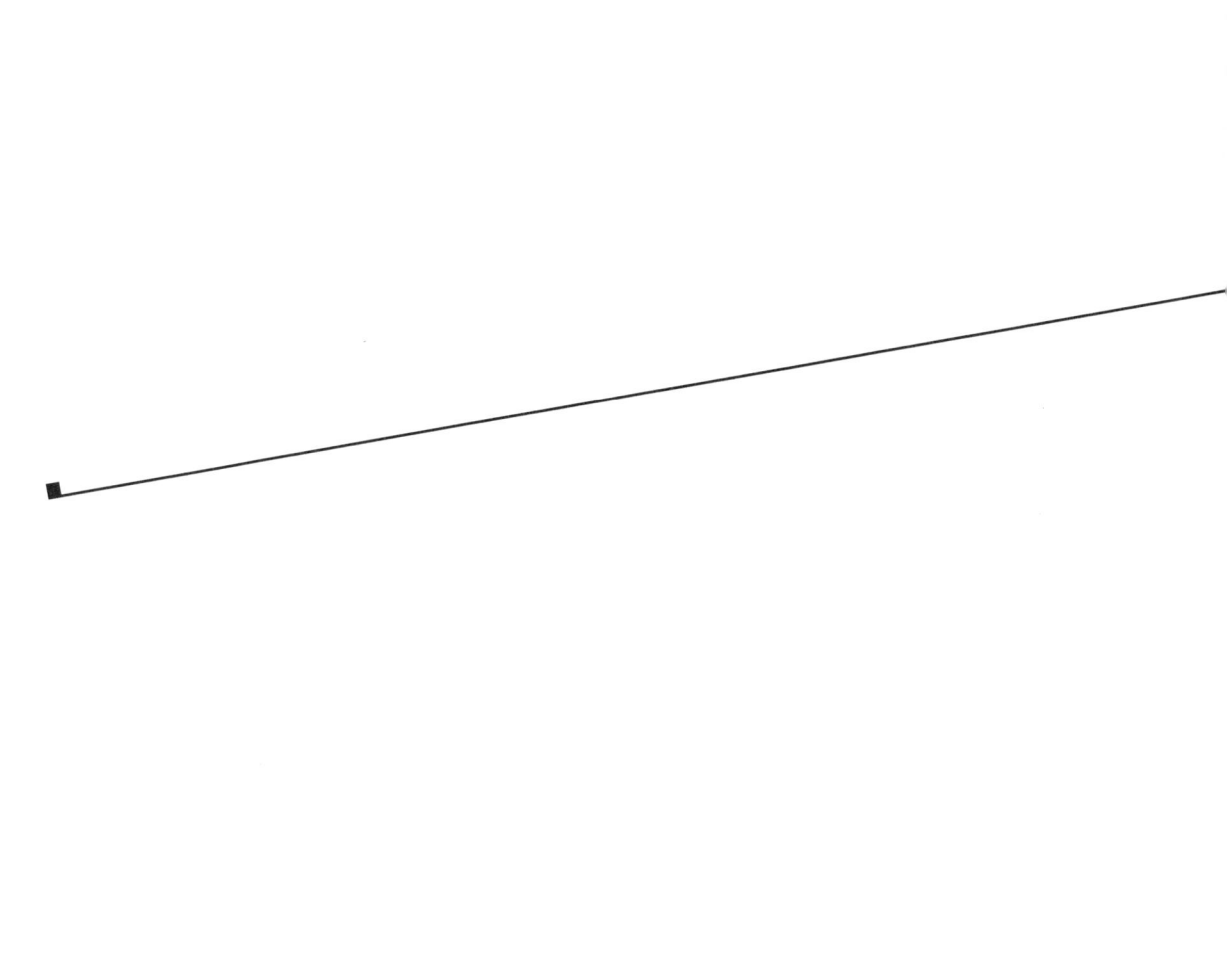

Teil 8
Ihr Leben – eine Erfolgsgeschichte

Wenn Sie dabei sind, neue Fähigkeiten zu entfalten und neue Fertigkeiten zu entwickeln, gibt es eine Phase, in der Sie diese Fähigkeiten und Fertigkeiten zunächst erwerben. Sie haben sozusagen den ersten Kontakt damit. Dann gibt es jene Phase, in der Sie bewusst mit dieser Fähigkeit arbeiten. Dieses Arbeiten mit der Fähigkeit geht so lange, bis diese Fähigkeit eine unbewusste Kompetenz erreicht, bis Ihnen nicht mehr bewusst ist, dass Sie eine bestimmte Sache sehr gut können. Von diesem Moment an ist dann alles möglich!

Vergessen Sie nicht: Die Gegenwart ist das Ende Ihrer Vergangenheit. Von hier aus ist alles möglich. Und das ist gut zu wissen. Denn es gibt nur eine Gelegenheit, dem Anfang einer Sache ganz beizuwohnen. Und das ist genau jetzt.

Ein japanisches Sprichwort sagt: »Geh deinen Weg bis ganz zum Ende. Wenn du dort angelangt bist, dann verändere dich. Und wenn du dich verändert hast, dann geh weiter.«

Wenn wir als Menschen manchmal Probleme haben, dann hat das damit zu tun, dass wir uns zu sehr mit Dingen beschäftigen, die innerhalb unserer Grenzen liegen, und kaum ein Augenmerk darauf richten, was jenseits dieser Grenzen liegt.

Niemand ist eine Insel!

Der Mensch ist ein »social animal«, ein soziales Wesen, und als solches auf sozialen Rückhalt angewiesen. Kommunikation wird deshalb immer reeller Bestandteil von zwischenmenschlichen Beziehungen bleiben.

In diesem Zusammenhang ist auch die Frage nach der Wahrhaftigkeit eine grundlegende. Im NLP nennen wir dieses Im-Reinen-Sein mit sich selbst »Kongruenz«. Erst von da weg macht es Sinn, sich den anderen zu öffnen, um die Qualität einer Kommunikation zu stärken. In zunehmendem Maße wird damit Kommunikation an sich wichtig, und so dürfen wir unsere Fähigkeit zu kommunizieren durchaus als Leistung bewerten. Leistung meint, dass wir etwas gut können, etwas gut machen und darüber auch kommunizieren. Es ist zu wenig, nur zu leisten. Die Leistung richtig kommuniziert macht uns erst erfolgreich.

An dieser Stelle möchte ich Ihnen deshalb einen kurzen Ausblick darauf geben, wo und wie Sie die in diesem Buch vermittelten Fertigkeiten und Fähigkeiten in Ihrem eigenen Leben umsetzen können, um noch erfolgreicher zu sein.

■ Wenn wir unsere Wahrnehmungsgenauigkeit trainieren, unsere Augen, Ohren und Instinkte, dann können wir all jene Dinge wahrnehmen, die wir im Normalfall, die wir bewusst gar nicht bemerken würden, deren Kenntnis uns aber dabei unterstützen würde, mehr davon zu verstehen, was gerade in unserem Gegenüber vorgeht.

■ Sprache ist ein signifikanter Baustein unseres Menschseins. Zu lernen, wie wir mit mehr Genauigkeit sprechen, und ebenso zu lernen, unspezifisch und vage zu sprechen, ist beides sehr wichtig in einer Kommunikationssituation.

■ Ankern hilft uns dabei, unser eigenes Statemanagement zu verbessern und uns selbst in einen ressourcevollen Zustand zu versetzen, um weiterhin zuversichtlich und kraftvoll zu bleiben und unbeeinträchtigt von unseren Ergebnissen zu sein.

■ Durch den Aufbau von gegenseitigem Vertrauen, durch den Aufbau von Rapport, können wir bessere Arbeitsverhältnisse schaffen und auf einer ganz anderen Ebene Verstehen ermöglichen.

■ Das Zielmodell unterstützt uns beim Aufbau und der Organisation von Informationen, um lösungs- und ergebnisorientiert zu handeln. Fragen zu unserem gegenwärtigen Zustand, Fragen, die uns helfen, ein spezifisches Ziel zu definieren, Fragen, die uns helfen, unsere Fähigkeiten und Ressourcen zu bestimmen, Fragen, die uns helfen, diese Informationen zu organisieren, ermöglichen uns einen Weg, der uns zu dem Ergebnis und zu dem Ziel führt, das wir uns wünschen.

→ **31. Praxistipp:** **Das nächste Mal, wenn Sie in Ihrem stillen Kämmerlein etwas ausbrüten und sich damit noch nicht an die Öffentlichkeit wagen, denken Sie daran, aufzustehen und Ihre Ergebnisse, Ihr Wissen, Ihre Ideen, Ihre Gedanken und Ihre Gefühle hinauszutragen und andere daran teilhaben zu lassen.**

Wenn Sie bereit dazu sind, dies zu tun, ist Ihnen der Erfolg zwar noch nicht sicher, aber Sie sind auf dem besten Weg dorthin. Dann sind Sie auf dem Weg, zur exzellenten Führungskraft, zum professionellen Kommunikator zu werden.

Interessanterweise können Wissenschaftler, die sich mit Biofeedback beschäftigen, manche Zustände sehr deutlich erkennen. Sie schauen sich das Ergebnis an und können mit unglaublicher Präzision sagen: Das ist Ärger, und zwar in dem und dem Stadium, das ist Trauer, das ist Freude usw. Es gibt jedoch zwei Zustände, die sie nicht auseinander halten können. Da ist zum einen jener Zustand knapp vor dem Loslachen, kurz vor dem Herausplatzen. Jener Zustand, wenn wir in wirklich guter Stimmung sind. Der zweite Moment ist jener, wo uns ein Licht aufgeht, wo wir einen Aha-Moment haben: »Das ist es!« Das sind die beiden Zustände, die auf einer physiologischen Ebene fast ident sind.

Was bedeutet das für unser Leben? Das bedeutet, dass wir in der Zeit, in der wir so viel lernen, wie niemals danach, auch so viel lachen wie niemals danach. Und zwar zwischen unserem 0. und 6. Lebensjahr. Es bedeutet auch, dass wir nicht so viel lernen könnten, wenn wir nicht auch so viel lachen würden.

Samuel Beckett hat einmal geschrieben: »Jemals probiert, jemals gescheitert. Belanglos. Wieder probieren, besser scheitern.«

Als Motto für ein Leben erscheint mir das sehr fragwürdig! Denn das, was wir als Motto in uns tragen, bestimmt zu einem großen Teil, wie wir die Informationen organisieren, die auf uns zukommen. Die Metaphern, die Geschichten, die wir in uns tragen, bestimmen zu einem großen Teil, wie wir Sinn machen aus dem, was tagtäglich um uns herum passiert. Und wir alle tragen diesbezüglich Metaphern in uns.

Wir tragen zum Beispiel Metaphern in uns, die aus unserer Kultur kommen, aus unseren Religionen.

Als Beispiel zeige ich Ihnen »Huna«. Huna, das ist eine Heilslehre aus Hawaii, eine Mischung aus Religion und Medizin. Die grundlegende Metapher des Lebens dort ist folgende: Bevor wir in dieses Leben geboren wurden, haben wir uns mit einem weisen Rat getroffen und beraten, welche Herausforderungen in diesem Leben, das vor uns liegt, auf uns warten sollen. Dies in der Annahme, dass wir schon viele Leben hinter uns haben. Und dann setzen wir diese Herausforderungen. Wenn wir geboren werden, ist das Beste, wir vergessen, dass wir dieses Treffen gehabt haben, dass wir uns bestimmte Herausforderungen gesetzt haben, und so begegnen sie uns als Schwierigkeiten und als Probleme. Wir bewältigen recht und schlecht alle möglichen Arten von Hindernissen. Und dann, nachdem wir aus diesem Leben gehen, treffen wir uns wieder mit diesem weisen Rat, blicken zurück und beurteilen, wie wir in diesem Leben gewachsen sind, wie wir uns weiterentwickelt haben, und zwar anhand von drei Kriterien.

Bei jedem einzelnen Problem, bei jeder einzelnen Problembewältigung stellen wir uns drei Fragen. Und diese drei Fragen fangen alle mit L an.

Was glauben Sie, werden diese drei Ls sein?

- Habe ich genug geliebt, während ich das Problem hatte? Das heißt auch: War ich in Kontakt mit meinen Werten, mit meinen Glaubenssätzen, mit meinen Emotionen?

- Konnte ich genug lachen trotz allem? War ich in Kontakt mit meinem Humor?

- Habe ich etwas gelernt dabei?

Lachen, Lernen und Lieben!

Wir sehen wieder einmal diese beiden hier vereinigt: Lachen und Lernen. Lachen gehört zum Lernen, genauso wie die Liebe dazugehört. Diese drei Dinge bilden eine Einheit. Es macht einen Unterschied, ob wir durchs Leben gehen und bei jedem Problem, dem wir begegnen, denken: »Das Leben ist ein Dschungel, durch den man sich durchkämpfen muss, in dem nur der Stärkste überlebt und die anderen auf der Strecke bleiben«, oder ob wir uns die Frage stellen: »Aha, jetzt habe ich ein Problem. Okay: Wo ist meine Liebe in diesem Moment? Wo ist mein Humor? Was lerne ich jetzt daraus?«

→ **32. Praxistipp: Das nächste Mal, wenn Sie sich dabei ertappen, zu ernst an eine Sache heranzugehen, wenn Sie glauben, einem Problem nicht gewachsen zu sein, wenn Sie sich vor lauter Stress angespannt und unausgeglichen fühlen, stehen Sie auf, treten Sie einen Schritt zurück, schauen Sie sich in den Spiegel und**
(Lachen) machen Sie einen herzlichen Lacher über sich selbst,
(Lieben) überlegen Sie, worum es Ihnen wirklich geht, was Ihnen wirklich wichtig ist,
(Lernen) und fragen Sie sich, was Sie aus der Situation lernen können.

Sie werden in eine andere Stimmung kommen. In eine Stimmung, in der Sie sehen, wie alles stimmt in Ihrem Leben. Und Sie können diese Stimmung selbst beeinflussen – mit dem, was ich Ihnen in diesem Buch gezeigt habe.

In diesem Buch finden Sie eine Auswahl von Übungen und Techniken, die Ihnen Ideen für Ihre Praxis geben können. Sie kennen nun einige Teile des NLP und TRI-NERGY®. Es liegt jetzt an Ihnen, ob Sie es bei dieser Kenntnis belassen wollen oder ob Sie es tatsächlich umsetzen und anwenden wollen. Bedenken Sie: Wir leben alle in einer Welt von Ideen. Alles von Menschenhand Geschaffene um Sie herum war einmal eine Idee, die Wirklichkeit wurde.

Sorgen Sie dafür, dass die Welt, in der Sie leben, auch eine Welt Ihrer Ideen wird. Handeln Sie! Sollten Sie diesbezüglich Fragen haben, sollten Sie mehr Ratschläge brauchen, so stehe ich Ihnen gerne unter (+ 43 1) 985 10 60 telefonisch oder unter office@trinergy.at per E-Mail zur Verfügung. Weitere Praxistipps und aktuelle Informationen finden Sie laufend auf unserer Web-Site im Internet: http://www.trinergy.at

Viel Spaß in der aufregenden Welt des NLP und TRINERGY®.

Ankern

Beim Ankern verbindet sich ein konkreter Stimulus mit einem inneren Vorgang (ähnlich dem klassischen Konditionieren); sobald der Stimulus erfolgt, wird ein bestimmter innerer Zustand hervorgerufen; Anker können in jedem Sinnessystem geschaffen werden; damit können sowohl positive als auch negative Zustände kontrolliert werden.

Beispiel: Wenn Sie gerade zu schnell fahren und auf einmal eine Polizeisirene hören, so ändert sich Ihr Zustand derart, dass Ihr Herzschlag und Ihre Atmung sich beschleunigen. Es ist ziemlich wahrscheinlich, dass derselbe oder ein ähnlicher Stimulus zu einer anderen Zeit dieselbe oder eine ähnliche Reaktion hervorrufen würde.

Assoziation, assoziiert sein

In einer Erfahrung sein. Durch die eigenen Augen sehen, mit den eigenen Ohren hören usw. Bei einer Erinnerung bedeutet assoziiert zu sein, dass man die betreffende Situation so erinnert, als ob man in dem erinnerten Ereignis jetzt wieder drinnen ist – im Gegensatz zu dissoziiert sein: sich von außen sehen.

Generelle Wahrnehmungsposition, bei der alles aus der Perspektive der eigenen Person erlebt wird: die Person sieht sich selbst in der Vorstellung nicht; das Gegenteil ist Dissoziation.

Auditiv

Das innere und äußere Hören betreffend.

Augenzugangshinweise

Bestimmte Augenbewegungen zeigen das bei Denkprozessen jeweils bevorzugte Sinnessystem (Repräsentationssystem) an.

Dissoziation, dissoziiert sein

Eine Person betrachtet in diesem Zustand ein Ereignis ihres Lebens vom Standpunkt eines Betrachters. Dabei erinnert sie sich und sieht sie sich selbst als Akteur in einem Drama. Damit dissoziiert sie sich von den Aktivitäten. Unter diesen Umständen sind ihre schmerzlichen Gefühle vermindert.

Führen

Eine Technik, bei der der professionelle Kommunikator den Klienten dazu bringt, sein Verhalten zu ändern. Zunächst gleicht sich der professionelle Kommunikator dem Klienten an, dann verändert er jedoch seine eigene Haltung und veranlasst den Klienten dadurch, sich ihm anzupassen.

Beispiel: Der professionelle Kommunikator atmet anfangs genauso schnell wie der Klient, verlangsamt dann allmählich das Atemtempo, bis eine einigermaßen normale Frequenz erreicht ist.

Future Pace

Pacing für zukünftige Situationen. Man stellt sich eine zukünftige Stresssituation vor und wie man sie mit Hilfe des Ankers bewältigt. Future Pacing dient dazu, die Veränderungen, die während eines Gesprächs erreicht wurden, auf andere Situationen anzuwenden. Hauptziel des Future Pacing ist die Schaffung neuen Verhaltens und neuer Ressourcen für die Zukunft – post-hypnotischer Befehl.

Glaubenssätze (Beliefs)

Glaubenssätze beinhalten Generalisierungen, die wir über die Welt vornehmen, sowie unsere Arbeits- und Verhaltensprinzipien. Glaubenssätze basieren allerdings nicht immer auf eigenen Erfahrungen, sie können auch übernommen worden sein. Vorsprachliche Glaubenssätze sind solche, die auf Erfahrungen zurückgehen, die zu einer Zeit gemacht wurden, in der das Individuum die Welt noch gar nicht sprachlich repräsentieren konnte.

Gustatorisch

Das innere und äußere Schmecken betreffend.

Kinästhetisch

Das innere und äußere Fühlen und das körperliche Tun betreffend.

Kongruenz

Alle Ressourcen einer Person sind auf ein Ziel fokussiert, und kein Teil der Person versucht, das Erreichen dieses Ziels zu behindern.

Kontext

Der umgebende Text einer sprachlichen Einheit. Der inhaltliche (Gedanken-)Sinnzusammenhang, in dem eine Äußerung steht, und der Sach- und Situationszusammenhang, aus dem heraus sie verstanden werden soll.

Leading

Siehe Führen.

Neuro-Logische Ebenen

Hierarchisch gegliederte Ebenen des Denkens und Seins, die sich wechselseitig beeinflussen: Umwelt, Verhalten, Fähigkeiten, Glaubenssätze/Werte, Identität; sie basieren auf den logischen Ebenen des Lernens von G. Bateson. Etwas liegt auf einer höheren logischen Ebene, wenn es etwas anderes beinhaltet bzw. mitumfasst, das auf einer niedrigeren Ebene liegt.

Ökologie

Die Beziehung zwischen einem Organismus und seinem Lebensraum. Im NLP wird dieser Ausdruck auch gebraucht, um die innere Ökologie zu bezeichnen, also die Beziehung eines Individuums zu seinen Strategien, Verhaltensweisen, Fähigkeiten, Werten und Glaubenssätzen, sowie die Widerspruchsfreiheit dieser internen Prozesse untereinander.

Ökologie-Check

Die systematische Gesamtheit eines in seine Umwelt eingebundenen Individuums; im Beratungsprozess des NLP werden die Auswirkungen einzelner Interventionen stets im Hinblick auf die Ökologie der Person überprüft.

Überprüfung der inneren Ökologie. Hierbei wird getestet, ob ein Ziel oder ein Ergebnis einer Intervention zum gesamten Organismus in einem ökologischen Verhältnis steht.

Olfaktorisch

Das innere und äußere Riechen betreffend.

Pacing

Das Pacing, auch Matching, Spiegeln oder Mirroring genannt, schafft die Grundbedingungen für guten Rapport. Man öffnet sich der »Realität«, dem »Weltbild« des anderen, indem Elemente des eigenen Verhaltens dem wahrgenommenen Verhalten des Gegenübers angeglichen werden. Mit dieser Methode wird eine gute Kommunikationsbasis durch Gleichklang und Harmonie im Verhalten zum Gesprächspartner geschaffen.

Rapport

Rapport ist im NLP der Oberbegriff für alle zwischenmenschlichen Prozesse, die eine gute Grundlage für Kommunikation darstellen.

Repräsentationssystem

Der Mensch nimmt nicht nur durch die fünf Sinne wahr, sondern er repräsentiert und prozessiert die eingegangene Information dann auch damit. Die fünf Sinne sind Sehen, Hören, Fühlen, Riechen und Schmecken, die Eigenschaften sind: visuell, auditiv, kinästhetisch, olfaktorisch/gustatorisch → VAKOG.

Spiegeln

Siehe Pacing.

Submodalitäten

sind die sinnesspezifischen Unterscheidungen, die wir innerhalb eines Sinnessystems treffen können. Wir können das, was wir sehen, hören, fühlen, riechen und schmecken, noch weiter differenzieren. So lässt sich beispielsweise das innere Bild einer vergangenen Erfahrung genauer erfragen und beschreiben: Ist es in Farbe oder schwarzweiß? Ist es groß oder klein? Gerahmt oder in Panorama-Ansicht? Ist es eher pastellfarben oder in grellen, intensiven Farben gehalten? Diese Art der Unterscheidung kann unabhängig vom eigentlichen Inhalt des Bildes gemacht werden.

Visuell

Das Sehen innere und äußere Bilder betreffend.